U0559911

# 長物志

小楷插图珍藏本

（明）文震亨 著
谦德书院 译

團結出版社

# 前言

中国文化以博大精深、源远流长著称于世。在这漫长的历史长河中，先人们不仅为我们留下了浩如烟海的典籍著作，更在生活的点滴细节中，融入了无数智慧和情感。其中，「物」作为一个重要的文化符号，不仅承载着实用功能，更凝聚着深厚的人文内涵。明代文震亨所著的《长物志》，便是一部以「物」为媒介，深入探讨古代文人生活情趣与审美追求的杰出代表。书名中的「长物」，虽取自成语「身无长物」，意为多余之物，但实际上，这部书所记载的，绝非生活中可有可无的琐碎，而都是与晚明文人日常息息相关的雅致与情趣。

文震亨（1585—1645），字启美，江苏苏州人，明末著名文人、画家和园林设计师。他出生于一个显赫的文化世家，其曾祖父是文徵明，与沈周、唐寅、仇英并称「明四家」。这样的家庭背景为文震亨提供了优越的文化环境和艺术熏陶，使他在年轻时便对诗文、书画产生了浓厚的兴趣，并取得了很高的成就。弘光元年（清顺治二年，1645），清军攻占苏州，文震亨避居阳澄湖。当清军推行剃发令时，他坚决拒绝并投河自尽，被家人救起后，他绝食六日而亡，谥号「节愍」。

文震亨擅长诗文、绘画和园林设计。他的画以山水、花鸟为主，笔墨清新、意境深远，深受时人喜爱；他的诗以清新脱俗、自然流畅见全文，以及大量富有意趣的古代山水花鸟画作，放在相应的章节中，以供读者赏玩。可以说，本书集书法、插画、白话于一体，是一部美观、实用，并兼具收藏价值的版本。当然，由于我们的水平有限，难免有疏漏之处，恳请读者朋友们批评指正！

# 目录

# 長物志

雜家類四 雜品之屬

臣等謹按長物志十二卷明文震亨撰震亨字啓美長洲人崇禎中官武英殿中書舍人以善琴供奉是編分室廬花木水石禽魚書畫几榻器具位置衣飾舟車蔬果香茗十二類其曰長物蓋取世說中王恭語也所論皆閒適游戲之事纖悉畢具明季山人墨客多傳是術著書問世累牘盈篇大抵皆瑣細不足錄而震亨家世以書畫擅名耳濡目染較他家稍為雅馴其言收藏賞鑑諸法亦頗有條理蓋本於趙希鵠洞天清錄董其昌筠軒

清閟録之類而畧變其體例其源亦出於宋

人故存之以備襍家之一種焉乾隆四十二

年五月恭校上

總纂官臣紀昀臣陸錫熊臣孫士毅

總校官臣陸費墀

# 序

臣等谨按，《长物志》十二卷，明文震亨撰。震亨，字启美，长洲人。崇祯中，官武英殿中书舍人，以善琴供奉。是编分室庐、花木、水石、禽鱼、书画、几榻、器具、位置、衣饰、舟车、蔬果、香茗十二类。其曰《长物》，盖取《世说》中王恭语也。所论皆闲适游戏之事，纤悉毕具。明季山人墨客多传是术，著书问世，累牍盈篇，大抵皆琐细不足录。而震亨家世以书画擅名，耳濡目染，较他家稍为雅驯。其言收藏、赏鉴诸法，亦颇有条理。盖本于赵希鹄《洞天清录》、董其昌《筠轩清秘录》之类，而略变其体例。其源亦出于宋人，故存之以备《杂家》之一种焉。乾隆四十二年五月恭校上。

总纂官臣纪昀、臣陆锡熊、臣孙士毅

总教官臣陆费墀

**【译文】**臣等谨按，《长物志》十二卷，明朝文震亨编撰。文震亨，字启美，长洲人。崇祯年间，文震亨官至武英殿中书舍人，因善琴而受召侍奉天子。本书分为室庐、花木、水石、禽鱼、书画、几榻、器具、位置、衣饰、舟车、蔬果、香茗十二类。命名为《长物》，是取自《世说新语》中王恭所言。书中所述都是闲适游戏之事，连细枝末节都叙述得十分详尽。明末的山人墨客大都具备这种能力，著书问世，长篇累牍，大多是些琐碎不值得记录的内容。而文震亨家中世代以书画闻名，耳濡目染之下，相较他人，他的著作更为雅驯。他言及收藏、鉴赏等方面，也颇有条理。此书沿袭赵希鹄的《洞天清录》、董其昌的《筠轩清秘录》等书编撰而成，但在体例方面略有变化。此书源出于宋人，所以将其收录，作为《四库全书·杂家》的一种。乾隆四十二年五月恭校上。

总纂官臣纪昀、臣陆锡熊、臣孙士毅

总教官臣陆费墀

张羽《松轩春霭图》

欽定四庫全書

長物志卷一　　　　明　文震亨　撰

## 室廬

居山水間者為上村居次之郊居又次之吾儕縱不能栖巖止谷追綺園之踪而混跡廛市要須門庭雅潔室廬清靚亭臺具曠士之懷齋閣有幽人之致又當種佳木怪籜陳金石圖書令居之者忘老寓之者忘歸遊之者忘倦蘊隆則颯然而寒凜冽則煦然而燠若徒侈土木尚丹堊真同桎梏樊檻而已志室廬第一

### 門

用木為格以湘妃竹横斜釘之或四或二不可用六兩傍用板為春帖必隨意取唐聯佳者刻於上若用石梱

必須板扉石用方厚渾朴庶不涉俗門環得古青綠蝴蝶獸面或天鷄饕餮之屬釘於上為佳不則用紫銅或精鐵如舊式鑄成亦可黃白銅俱不可用也漆惟朱紫黑三色餘不可用

## 階

自三級以至十級愈高愈古須以文石剥成種繡墩或草花數莖於内枝葉紛披映階傍砌以太湖石疊成者曰澀浪其制更奇然不易就複室須内高於外取頑石具苔班者嵌之方有巖阿之致

## 牕

用木為粗格中設細條三眼眼方二寸不可過大牕下填板尺許佛樓禪室間用菱花及象眼者牕忌用六或

二或三或四隨宜用之室高上可用橫牕一扇下用低檻承之俱釘明瓦或以紙糊不可用絳素紗及梅花簟冬月欲承日製大眼風牕眼竟尺許中以線經其上庶紙不為風雪所破其制亦雅然僅可用之小齋丈室漆用金漆或朱黑二色雕花綵漆俱不可用

## 欄干

石欄最古第近於琳宮梵宇及人家冢墓傍池或可用然不如用石蓮柱二木欄為雅柱不可過高亦不可雕鳥獸形亭榭廊廡可用朱欄及鵝頸承坐堂中須以巨木雕如石欄而空其中頂用柿頂朱飾中用荷葉寶瓶綠飾卍字者宜閨閣中不甚古雅取畫圖中有可用者以意成之可也三橫木最便第太朴不可多用更須每

檻一扇不可中豎一木分為二三若齋中則竟不必用矣

## 照壁

得文木如豆瓣楠之類為之華而復雅不則竟用素染或金漆亦可青紫及灑金描畫俱所最忌亦不可用六堂中可用一帶齋中則止中楹用之有以夾紗牕或細格代之者俱稱俗品

## 堂

堂之製宜宏敞精麗前後須層軒廣庭廊廡俱可容一席四壁用細磚砌者佳不則竟用粉壁梁用毬門高廣相稱層階俱以文石為之小堂可不設牕檻

## 山齋

宜明淨不可太敞明淨可爽心神太敞則費目力或傍簷置窗檻或由廊以入俱隨地所宜中庭亦須稍廣可種花木列盆景夏日去北扉前後洞空庭際沃以飯瀋雨漬苔生綠褥可愛遶砌可種翠芸草令遍茂則青葱欲浮前垣宜矮有取薜荔根瘞牆下灑魚腥水於牆上以引蔓者雖有幽致然不如粉壁為佳

## 丈室

丈室宜隆冬寒夜略倣北地暖房之製中可置卧榻及禪椅之屬前庭須廣以承日色留西窗以受斜陽不必開北牖也

## 佛堂

築基高五尺餘列級而上前為小軒及左右俱設歡門

後通三楹供佛庭中以石子砌地列旛幢之屬另建一門後為小室可置臥榻

## 橋

廣池巨浸須用文石為橋雕鏤雲物極其精工不可入俗小溪曲澗用石子砌者佳四傍可種繡墩艸板橋須三折一木為欄忌平板作朱卍字欄有以太湖石為之亦俗石橋忌三環板橋忌四方磬折尤忌橋上置亭子

## 茶寮

搆一斗室相傍山齋內設茶具敎一童專主茶役以供長日清談寒宵兀坐幽人首務不可少廢者

## 琴室

古人有於平屋中埋一缸缸懸銅鐘以發琴聲者然不

如層樓之下蓋上有板則聲不散下空曠則聲透徹或於喬松修竹岩洞石室之下地清境絕更爲雅稱耳

## 浴室

前後二室以牆隔之前砌鐵鍋後燃薪以俟更須密室不爲風寒所侵近牆鑿井具轆轤爲竅引水以入後爲溝引水以出藻具巾帨咸具其中

## 街徑庭除

馳道廣庭以武康石皮砌者最華整花間岸側以石子砌成或以碎瓦片斜砌者雨久生苔自然古色寧必金錢作埒乃稱勝地哉

## 樓閣

樓閣作房闥者須回環窈窕供登眺者須軒敞弘麗藏

書畫者須與檻高深此其大畧也樓作四面牕者前楹
用牕後及兩傍用板閣作方樣者四面一式樓前忌有
露臺捲蓬樓板忌用磚鋪蓋既名樓閣必有定式若復
鋪磚與平屋何異高閣作三層者最俗樓下柱稍高上
可設平頂

臺

築臺忌六角隨地大小為之若築於土岡之上四周用
粗木作朱闌亦雅

海論

忌用承塵俗所稱天花板是也此僅可用之廨宇中地
屛則間可用之暖室不可加簟或用氍毹為地衣亦可
然總不如細磚之雅南方卑濕空鋪最宜畧多費耳室

忌五柱忌有兩廂前後堂相承忌工字體亦以近官廨
也退居則間可用忌傍無避弄庭較屋東偏稍廣則西
日不逼忌長而狹忌矮而寬亭忌上銳下狹忌小六角
忌用葫蘆頂忌以茆蓋忌如鐘鼓及城樓式樓梯須從
後影壁上忌置兩傍磚者作數曲更雅臨水亭榭可用
藍絹為幔以蔽日色紫絹為帳以蔽風雪外此俱不可
用尤忌用布以類酒舩及市藥設帳也小室忌中隔若
有北牕者則分為二室忌紙糊忌作雪洞此與混堂無
異而俗子絕好之俱不可解忌為卍字牕傍填板忌牆
角畫棋及花鳥古人最重題壁今即使顧陸點染鍾王
濡筆俱不如素壁為佳忌長廊一式或更互其製庶不
入俗忌竹木屏及竹籬之屬忌黃白銅為屈戌庭際不

可鋪細方磚為承露臺則可忌兩楹而中置一梁上設
乂手笆此皆元製而不甚雅忌用板隔隔必以磚忌梁
椽畫羅紋及金方勝如古屋歲久木色已舊未免繪飾
必須高手為之凡入門處必小委曲忌太直齋必三楹
傍更作一室可置臥榻面北小庭不可太廣以北風甚
厲也忌中楹設欄楯如今拔步牀式忌穴壁為廚忌以
瓦為牆有作金錢梅花式者此俱當付之一擊又鴟吻
好望其名最古今所用者不知何物須如古式為之不
則亦倣畫中室宇之製簷瓦不可用粉刷得巨栟櫚擘
為承溜最雅否則用竹不可用木及錫忌有捲棚此官
府設以聽兩造者於人家不知何用忌用梅花篛堂簾
惟溫州湘竹者佳忌中有花如繡補忌有字如壽山福

海之類總之隨方制象各有所宜寧古無時寧朴無巧寧儉無俗至於蕭疎雅潔又本性生非强作解事者所得輕議矣

長物志卷一

居山水间者为上，村居次之，郊居又次之。吾侪纵不能栖岩止谷，追绮园之踪，而混迹廛市，要须门庭雅洁，室庐清靓，亭台具旷士之怀，斋阁有幽人之致。又当种佳木怪箨，陈金石图书，令居之者忘老，寓之者忘归，游之者忘倦。蕴隆则飒然而寒，凛冽则煦然而燠。若徒侈土木，尚丹垩，真同桎梏樊槛而已。志《室庐第一》。

【译文】居于山水之间为上乘，居于乡村次之，居于郊外又次之。我辈纵然不能栖居岩洞和山谷，追随绮里季、东园公这些前代隐士的踪迹，就算混迹于凡尘市井之中，也应当门庭雅致，居舍洁净，亭台有豁达之士的情怀，斋阁有幽隐之士的情致。还应当种植佳树奇竹，陈设金石书画，使得居于其中的人忘记时间飞逝，借住之人忘记归返，游玩之人忘记疲倦。天气炎热时能让人感到凉爽，天气寒冷时能让人感到温暖。倘若只是追求建筑的高大豪华，推崇色彩华丽，那简直就像被看管起来、处于樊笼之中了。记《室庐第一》。

## 门

用木为格，以湘妃竹横斜钉之，或四或二，不可用六。两傍用板为春帖，必随意取唐联佳者刻于上。若用石梱，必须板扉。石用方厚浑朴，庶不涉俗。门环得古青绿蝴蝶兽面，或天鸡饕餮之属，钉于上为佳，不则用紫铜或精铁，如旧式铸成亦可，黄白铜俱不可用也。漆惟朱、紫、黑三色，余不可用。

【译文】用木做门框的横格子，将湘妃竹横斜着钉在上面，门或开四扇，或开两扇，不可开六扇。门两旁用木板作为刻春联的地方，按照自己的喜好选取合意的唐诗佳作作为联语刻在上面。若是用石门槛，那就必须搭配木板门。石门槛要用方厚浑朴的石头，才不会显得俗气。门环用古青绿蝴蝶兽面，或是选用天鸡、饕餮一类的形状，钉在门上为佳，要不然用紫铜或精铁，依照旧式铸成也行，黄铜和白铜都不可用。漆只能用红、紫、黑三色，其余颜色都不可用。

## 阶

自三级以至十级，愈高愈古，须以文石剥成。种绣墩或草花数茎于内，枝叶纷披，映阶傍砌。以太湖石叠成者，曰「涩浪」，其制更奇，然不易就。复室须内高于外，取顽石具苔斑者嵌之，方有岩阿之致。

【译文】台阶从三级至十级，越高则显得越古朴，须以有纹理的石头削成。在台阶的缝隙中种些绣墩草或其他的花草，枝叶散开，与台阶相互映衬。用太湖石堆砌而成的台阶，名为「涩浪」，它的式样更为奇特，但很难修建得好。复屋内室须高于外室，取布满斑点状苔藓且未开凿的石头镶嵌台阶，方有山谷间的情致。

## 窗

用木为粗格，中设细条三眼，眼方二寸，不可过大。窗下填板尺许，佛楼禅室，间用菱花及象眼者。窗忌用六，或二或三或四，随宜用之。室高，上可用横窗一

須臾客去予亦就睡夢二道
士羽衣翩僊過臨皋之下揖
予而言曰赤壁之遊樂乎問
其姓名俛而不答嗚呼噫
嘻我知之矣疇昔之夜飛鳴
而過我者非子也耶道士顧笑

《后赤壁赋图》中的门

予亦驚悟開戶
視之不見其處

扇，下用低槛承之。俱钉明瓦，或以纸糊，不可用绛素纱及梅花簟。冬月欲承日，制大眼风窗，眼径尺许，中以线经其上，庶纸不为风雪所破，其制亦雅，然仅可用之小斋丈室。漆用金漆或朱、黑二色，雕花、彩漆，俱不可用。

**【译文】**用木头隔成大格子，再用细木条将大格子隔成三个孔格，每个孔格二寸见方，不可过大。窗下有一尺左右的填板，佛堂禅房的窗户用菱花和象眼图案装饰。窗户忌讳用六扇，依据具体情况可以用两扇、三扇、四扇。若是室内高，在上方可以横着开一扇窗户，下面以低栏杆承接。全都镶嵌上明瓦，或用纸糊，不可用绛色绉纱以及梅花纹的竹席。冬季时若想接收更多的阳光，则应当制作大孔格的窗户，孔径大约一尺左右，中间竖着缠上线，这样窗纸就不会被风雪吹破，而且式样也十分雅致，但是只能用于小屋斗室。窗户上刷的漆应当用金漆或是红、黑这两种颜色，雕花漆和彩漆，都不可用。

## 栏干

石栏最古，第近于琳宫、梵宇，及人家冢墓。傍池或可用，然不如用石莲柱二，木栏为雅。柱不可过高，亦不可雕鸟兽形。亭、榭、廊、庑可用朱栏及鹅颈承坐，堂中须以巨木雕如石栏，而空其中。顶用柿顶，朱饰，中用荷叶宝瓶，绿饰。卍字者，宜闺阁中，不甚古雅。取画图中有可用者，以意成之可也。三横木最便，第太朴，不可多用。更须每楹一扇，不可中竖一木，分为二三。若斋中则竟不必用矣。

**【译文】**栏杆中以石栏杆最为古雅，但是多用于道观、佛寺，以及民家坟冢。池塘旁边也可以用，但是不如两端用石莲柱，中间用木栏杆更显雅致。柱子不可过高，也不可雕刻鸟兽图案。亭子、台榭、走廊、廊屋可以用朱红色的栏杆以及鹅颈靠背，中间的立柱须用巨木雕成石栏杆的样子，中间挖空。顶部做成柿子的形状，刷上朱红色的漆，中间做成荷叶宝瓶的形状，刷上绿色的漆。有「卍」字图案的栏杆，适合用于闺阁之中，但不是十分古雅。可以选取可用的图案，依照自己的心意雕刻即可。最简单的栏杆是用三道横木制成的，但是过于朴拙，不可多用。栏杆应以一根立柱为一扇，在栏杆中间不可竖立木头，将栏杆分成两三格。若是在家居房舍中则完全不必如此了。

## 照壁

得文木如豆瓣楠之类为之，华而复雅，不则竟用素染，或金漆亦可。青、紫及洒金描画，俱所最忌。亦不可用六，堂中可用一带，斋中则止中楹用之。有以夹纱窗或细格代之者，俱称俗品。

明·杜琼《友松图》

【译文】照壁用像豆瓣楠之类有纹理的木料来制作，华丽又雅致，要不然就全用素染，也可以用金漆。但青色、紫色及洒金描画，这些都是照壁最忌讳用的。照壁也不可用六扇。正堂之中可以用长幅的照壁，而家居房舍只能在中间的楹柱处用照壁。有的用夹纱窗或细格门来代替，都是俗气的做法。

## 堂

堂之制，宜宏敞精丽。前后须层轩广庭，廊庑俱可容一席。四壁用细砖砌者佳，不则竟用粉壁。梁用球门，高广相称。层阶俱以文石为之，小堂可不设窗槛。

【译文】堂屋的规格，应当宽敞华丽。前后应当有多层的楼阁和宽阔的庭院，走廊以及廊屋都要能容下一席之宴。堂屋四壁最好用细砖来砌，要不然就全用白墙。房梁做成拱形，高度和宽度相称。台阶都用有纹理的石头来砌，小堂屋的窗下可以不设栏杆。

## 山斋

宜明净，不可太敞。明净可爽心神，太敞则费目力。或傍檐置窗槛，或由廊以入，俱随地所宜。中庭亦须稍广，可种花木，列盆景。夏日去北扉，前后洞空。庭际沃以饭瀋，雨渍苔生，绿褥可爱。绕砌可种翠云草令遍，茂则青葱欲浮。前垣宜矮，有取薜荔根瘗墙下，洒鱼腥水于墙上以引蔓者。虽有幽致，然不如粉壁为佳。

【译文】山中居室应当明亮洁净，不可过于宽敞。明亮洁净则能使人心神清爽，过于

明·沈贞《竹炉山房图》

宽敞则使人耗费目力。或在靠近屋檐处设置窗下栏杆，或通过走廊进入，这些都可以因地制宜。不过庭院应当略为宽广一些，可在其中种植花木，陈列盆景。夏季去掉北面的门，使得屋舍前后相通，便于通风。在庭院里浇一些饭食汤汁，雨后就能长出苔藓，绿茸茸的，惹人喜爱。围绕台阶可以种满翠云草，长势茂盛时则一片青葱，像浮在水面一样。前面的墙应当修筑得矮一些，可以取些薜荔根种在墙下，并在墙上洒些鱼腥水来引导藤蔓的生长攀爬。这样做虽有幽静雅致之感，还是不如刷成白墙更佳。

## 丈室

丈室宜隆冬寒夜，略仿北地暖房之制，中可置卧榻及禅椅之属。前庭须广，以承日色，留西窗以受斜阳，不必开北牖也。

【译文】丈室适合在隆冬寒夜之时使用，式样大多仿照北方的暖房，室中可以放卧榻以及禅椅之类的器物。房前的庭院须宽广一些，以接收日光，西面要留有窗户，这样斜阳也能照进来，北面不必开窗。

## 佛堂

筑基高五尺余，列级而上，前为小轩及左右俱设欢门，后通三楹供佛。庭中以石子砌地，列幡幢之属。另建一门，后为小室，可置卧榻。

【译文】佛堂的台基高五尺多，修筑台阶逐级而上，佛堂前设置小轩，并在小轩的左右两侧开设耳门，后面连通供奉佛像的三间厅堂。厅堂之中用石子铺地，张设幢幡之类的佛事物品。另外修筑一道门，与后面的小房间相通，室内可放置卧榻。

## 桥

广池巨浸，须用文石为桥，雕镂云物，极其精工，不可入俗。小溪曲涧，用石子砌者佳，四傍可种绣墩草。板桥须三折，一木为栏，忌平板作朱卍字栏。有以太湖石为之，亦俗。石桥忌三环，板桥忌四方磬折，尤忌桥上置亭子。

【译文】广池巨泽，须用有纹理的石头修筑桥梁，桥上雕刻云彩、景物，做工要精致，不可流于世俗。小溪流水，用石子砌桥为佳，四周可以种上绣墩草。木桥应当有三折，用木头作为栏杆，忌讳用平板制成朱红的卍字形栏杆。有的栏杆用太湖石修筑而成，同样显得十分俗气。石桥忌讳有三个转折，木桥忌讳直角转折，特别忌讳在桥上修建亭子。

## 茶寮

构一斗室相傍山斋，内设茶具。教一童专主茶役，以供长日清谈，寒宵兀坐。幽人首务，不可少废者。

【译文】在山中居室的旁边修建一间小屋，内设茶具。命一小童专管烹茶之事，以此来供给白日清谈、夜晚独坐所需茶水。这是幽居之士的首要事务，不可或缺。

## 琴室

古人有于平屋中埋一缸，缸悬铜钟，以发琴声者。然不如层楼之下，盖上有板，则声不散。下空旷，则声透彻。或于乔松、修竹、岩洞、石室之下，地清境绝，更为雅称耳。

【译文】古人有在平房中埋下一缸，缸内悬挂铜钟，以此与琴声相互应和。但这样做不如在阁楼的底层弹琴，因为阁楼上面封有木板，琴声不会消散。而阁楼底层十分空旷，因此琴声听起来非常清透。或是将琴室设在高松、长竹、岩洞、石室之下，这些地方不染尘俗，与风雅更相称。

## 浴室

前后二室，以墙隔之，前砌铁锅，后燃薪以俟。更须密室，不为风寒所侵。近墙凿井，具辘轳，为窍引水以入。后为沟，引水以出。澡具巾帨，咸具其中。

【译文】浴室要分前后两个房间，用墙将其隔开，前面的房间砌铁锅注水，后面的房间烧火以待。浴室应保持密闭，这样就不会被风寒所侵。在靠近墙的地方凿一口井，并且装好用来汲水的辘轳，在浴室的墙上开孔引水入内。室后挖一条沟，用于排水。沐浴所需的毛巾等物品，都要放在浴室之中。

## 街径 庭除

驰道广庭，以武康石皮砌者最华整。花间岸侧，以石子砌成，或以碎瓦片斜砌者，雨久生苔，自然古色。宁必金钱作埒，乃称胜地哉？

【译文】大道广庭，以武康石铺设而成的最为整齐华丽。花丛之中以及池塘岸边的小路，用石子来铺，或用碎瓦片斜着铺，雨水淋久了，路面就会生出苔藓，浑然天成，富有古韵。难道必须是耗费巨资修筑而成的，才能被称为胜地吗？

## 楼阁

楼阁作房闼者，须回环窈窕；供登眺者，须轩敞弘丽；藏书画者，须爽垲高深。此其大略也。楼作四面窗者，前楹用窗，后及两傍用板。阁作方样者，四面一式。

楼前忌有露台卷篷，楼板忌用砖铺。盖既名楼阁，必有定式。若复铺砖，与平屋何异？高阁作三层者最俗。楼下柱稍高，上可设平顶。

**【译文】**用来当作寝室的楼阁，须回环幽深；供登高远眺的楼阁，须敞亮宏伟；用来收藏书画的楼阁，须干燥高广。这是楼阁的大致要求。楼的式样是四面开窗的，前面的部分用透光窗，后面及两旁的部分用木板窗。阁的式样是方形的，四面应该一样。楼前忌讳有露台和卷篷，楼板忌讳用砖铺。既然已经名为楼阁，那么必然有固定的式样。倘若再铺上砖，那与平房又有什么不同呢？三层的楼阁最为俗气。楼下方的立柱要略高，上面可设平顶。

## 台

筑台忌六角，随地大小为之。若筑于土冈之上，四周用粗木，作朱阑亦雅。

**【译文】**修筑高台忌讳建成六角形，台的

大小要因地制宜。若是修筑在山冈上，台的四周围以粗木，然后刷上朱红色的漆作为栏杆，这样也显得十分雅致。

## 海论

忌用「承尘」，俗所称天花板是也，此仅可用之廨宇中。地屏则间可用之。暖室不可加簟，或用氍毹为地衣亦可，然总不如细砖之雅。南方卑湿，空铺最宜，略多费耳。室忌五柱，忌有两厢。前后堂相承，忌工字体，亦以近官廨也，退居则间可用。忌傍无避弄。庭较屋东偏稍广，则西日不逼。忌长而狭，忌矮而宽。亭忌上锐下狭，忌小六角，忌用葫芦顶，忌以茆盖，忌如钟鼓及城楼式。楼梯须从后影壁上，忌置两傍，砖者作数曲更雅。临水亭榭可用蓝绢为幔，以蔽日色。紫绢为帐，以蔽风雪。外此俱不可用，尤忌用布，以类酒船及市药设帐也。小室忌中隔，若有北窗者，则分为二室，忌纸糊，忌作雪洞，此与混堂无异，而俗子绝好之，俱不可解。忌为卍字窗傍填板，忌墙角画梅及花鸟。古人最重题壁，今即使顾、陆点染，锺、王濡笔，俱不如素壁为佳。忌长廊一式，或更互其制，庶不入俗。忌竹木屏及竹篱之属，忌黄、白铜为屈戌。庭际不可铺细方砖，为承露台则可。忌两楹而中置一梁，上设叉手笆，此皆元制而不甚雅。忌用板隔，隔必以砖。忌梁椽画罗纹及金方胜。如古屋岁久，木色已旧，未免绘饰，必须高手为之。凡入门处，必小委曲，忌太直。斋必三楹，傍更作一室，可置卧榻。面北小庭，不可太广，以北风甚厉也。忌中楹设栏楯，如今拔步床式。忌穴壁为橱，忌以瓦为墙，有作金钱梅花式者，此俱当付之一击。又鸱吻好望，其名最古，今所用者，不知何物，须如古式为之，不则亦仿画中室宇之制。檐瓦不可用粉刷，得巨栟榈擘为承溜最雅。否则用竹，不可用木及锡。忌有卷棚，此官府设以听两造者，于人家不知何用。忌用梅花篛。堂帘惟温州湘竹者佳，忌中有花如绣补，忌有字如「寿山」「福海」之类。总之，随方制象，各有所宜。宁古无时，宁朴无巧，宁俭无俗。至于萧疏雅洁，又本性生，非强作解事者所得轻议矣。

【译文】室庐建造忌讳用「承尘」，即俗称的天花板，承尘只可用于官署之中。平常的房间或可在地上陈设屏风。暖室不可用竹席，可以在地上铺设地毯，但是总归不如铺设细砖显得雅致。南方地势低并且气候潮湿，最宜架空铺设，只是花费略多而已。房室忌讳用五根柱子，忌讳有两间厢房。前堂和后堂，忌讳用工字形的结构来连接，同样是因为与官署的结构十分相近，休息室间或可用这种结构。正屋的旁边忌讳没有小巷。庭院相较房屋要偏东并且稍宽阔些，这样太阳西斜时，阳光就不会直射，过于刺眼。庭院忌讳长而狭，忌讳矮而宽。亭子忌讳上尖下窄，忌讳用小六角形，顶部忌讳用葫芦形，忌讳以茅草覆顶，式样忌讳与钟鼓楼以及城楼一样。楼梯应当从后厅的影壁修筑而上，忌讳修筑在两旁，地砖铺成弯曲的图案则更显雅致。临水的亭榭可用蓝绢做成帷幔，以遮蔽阳光。用紫绢当作帷帐，以遮蔽风雪。除此之外都不可用，尤其忌讳用布，因为与游船和药铺所用的帷帐十分类似。小房间忌讳从中隔开，房间北面若有窗户，则可以分为两室，但隔墙忌讳用纸糊，忌讳在墙上挖洞，因为这样做便与浴室无异了，但俗众十分喜欢这样做，实在难以理解。忌讳在卍字窗旁边做填板，忌讳在墙角描绘梅花以及各种花鸟。古人最重视在墙上题诗作画，但如今就算是顾恺之、陆探微作画，锺繇、王羲之题字，都不如白墙为佳。忌讳所有长廊的式样都相同，应当有所变化，才不会流于世俗。忌讳竹木屏风及竹篱笆之类的器物，忌讳用黄铜和白铜制作环纽、搭扣。庭院不可用细方砖来铺，而屋顶的露台则可以用细方砖来铺。忌讳在两根柱子当中的横梁与脊梁之间设置斜撑的木柱，这是过去的式样，不十分雅致。忌讳用木板作隔墙，隔墙必须用砖。忌讳在梁椽上绘制回旋的花纹以及金色方胜图案。假如是年久的古屋，木色已旧，不免需要绘制修饰，必须请技艺高超的工匠来完成。凡是入门处，一定要略有曲折弧度，忌讳过于平直。厅堂必须用三根楹柱，旁边再修建一间屋子，屋内可置卧榻。北向的庭院，不可过于宽广，因为北风十分凛冽。忌讳在楹柱中间设置栏杆，类似于如今的拔步床。忌讳在墙上挖洞作为壁橱，忌讳用瓦砌墙，有人用瓦片做成铜钱、梅花的图案，这些都应当全部销毁。还有屋脊两端相对的鸱吻，由来已久，而如今制作的，不知道是什么东西，须按古制制作，要不然也可以仿照画中的房屋式样来制作。屋檐下的瓦不可用白灰粉刷，将棕榈叶剖开制成接水槽最有雅趣。要不然用竹筒也可以，但不可用木和锡。屋前忌讳有卷棚，这是官府用来讯问原告、被告的地方，对于平常人家，不知道有何用处。忌讳用梅花式的窗户。堂前的帘子最好用温州产的湘妃竹，帘子上忌讳有类似于官服补子上的图案，忌讳有「寿山」「福海」一类的字。总之，要根据物品的不同类别和功能采用相应的式样，各有所宜。宁可遵循古制不可追求时尚，宁可朴素不可工巧，宁可简洁不可媚俗。至于错落有致、雅正洁净之趣，是天性所致，并不是自以为懂而强行解释就能说清楚的。

鸱吻

欽定四庫全書

長物志卷二　　　　明　文震亨　撰

花木

弄花一歲看花十日故幃箔映蔽鈴索護持非徒富貴容也第繁花褥木宜以畝計乃若庭除檻畔必以虬枝古榦異種奇名枝葉扶疎位置疎密或水邊石際横偃斜披或一望成林或孤枝獨秀艸花不可繁雜隨處植之取其四時不斷皆入圖畫又如桃李不可植於庭除似宜遠望紅梅絳桃俱借以點綴林中不宜多植梅生山中有苔蘚者移置藥欄最古杏花差不耐久開時多值風雨僅可作片時玩蠟梅冬月最不可少他如豆棚菜圃山家風味固自不惡然必闢隙地數頃別為一區

若於庭除種植便非韻事更有石礫木柱架縛精整者愈入惡道至於埶蘭栽菊古各有方時取以課園丁考職事亦幽人之務也志花木第二

## 牡丹芍藥

牡丹稱花王芍藥稱花相俱花中貴裔栽植賞玩不可毫涉酸氣用文石為欄參差數級以次列種花時設燕用木為架張碧油幔於上以蔽日色夜則懸燈以照忌二種並列忌置木桶及盆盎中

## 玉蘭

宜種廳事前對列數株花時如玉圃瓊林最稱絕勝別有一種紫者名木筆不堪與玉蘭作婢古人稱辛夷即此花然輞川辛夷塢木蘭柴不應複名當是二種

海棠

昌州海棠有香今不可得其次西府為上貼梗次之垂絲又次之余以垂絲嬌媚眞如妃子醉態較二種尤勝木瓜花似海棠故亦有木瓜海棠但木瓜花在葉先海棠花在葉後為差別耳別有一種曰秋海棠性喜陰濕宜種背陰堦砌秋花中此為最艷亦宜多植

山茶

蜀茶滇茶俱貴黄者尤不易得人家多以配玉蘭以其花同時而紅白爛然差俗又有一種名醉楊妃開向雪中更自可愛

桃

桃為仙木能制百鬼種之成林如入武陵桃源亦自有

致第非盆盎及庭除物桃性早實十年輒枯故稱短命花碧桃人面桃差久較凡桃更美池邊宜多植若桃柳相間便俗

## 李

桃花如麗姝歌舞塲中定不可少李如女道士宜置烟霞泉石間但不必多種耳别有一種名郁李子更美

## 杏

杏與朱李蟠桃皆堪鼎足花亦柔媚宜築一臺雜植數十本

## 梅

幽人花伴梅實專房取苔護蘚封枝稍古者移植石岩或庭際最古另種數畝花時坐卧其中令神骨俱清綠

蕚更勝紅梅差俗更有虬枝屈曲置盆盎中者極奇蠟梅磬口為上荷花次之九英最下寒月庭際亦不可無

## 瑞香

相傳廬山有比丘晝寢夢中聞花香寤而求得之故名睡香四方奇異謂花中祥瑞故又名瑞香别名麝囊又有一種金邊者人特重之枝既粗俗香復酷烈能損群花稱為花賊信不虚也

## 薔薇木香

甞見人家園林中必以竹為屏牽五色薔薇于上架木為軒名木香栅花時雜坐其下此何異酒食肆中然二種非屏架不堪植或移着閨閣供士女採掇差可别有一種名黄薔薇最貴花亦爛熳悦目更有野外叢生者

名野薔薇香更濃郁可比玫瑰他如寶相金沙羅金鉢盂佛見笑七姊妹十姊妹刺桐月桂等花姿態相似種法亦同

## 玫瑰

玫瑰一名徘徊花以結為香囊芬氳不絕然實非幽人所宜佩嫩條叢刺不甚雅觀花色亦微俗宜充食品不宜簪帶吳中有以畝計者花時獲利甚夥

## 紫荆棣棠

紫荆枝榦枯索花如綴珥形色香韻無一可者特以京兆一事為世所述以比嘉木余謂不如多種棣棠猶得風人之旨

## 葵花

葵花種類莫定初夏花繁葉茂最為可觀一曰戎葵奇態百出宜種曠處一曰錦葵其小如錢文采可玩宜種堦除一曰向日別名西番蓮最惡秋時一種葉如龍爪花作鵝黃者名秋葵最佳

## 罌粟

以重臺千葉者為佳然單葉者子必滿取供清味亦不惡藥欄中不可缺此一種

## 薇花

薇花四種紫色之外白色者曰白薇紅色者曰紅薇紫帶藍色者曰翠薇此花四月開九月歇俗稱百日紅山園植之可稱耐久朋然花但宜遠望北人呼猴郎達樹以樹無皮猴不能捷也其名亦奇

## 芙蓉

宜植池圻臨水為佳若他處植之絕無丰致有以靛紙蘸花蕊上仍裹其尖花開碧色以為佳此甚無謂

## 萱花

萲草忘憂亦名宜男更可供食品巖間牆角最宜此種又有金萱色淡黃香甚烈義興山谷遍滿吳中甚少他如紫白蛺蝶春羅秋羅鹿葱洛陽石竹皆此花之附庸也

## 薝蔔

一名越桃一名林蘭俗名梔子古稱禪友出自西域宜種佛室中其花不宜近嗅有微細蟲入人鼻孔齋閣可無種也

### 玉簪

潔白如玉有微香秋花中亦不惡但宜牆邊連種一帶花時一望成雪若植盆石中最俗紫者名紫萼不佳

### 金錢

午開子落故名子午花長過尺許扶以竹箭乃不傾欹種石畔尤可觀

### 藕花

藕花池塘最勝或種五色官缸供庭除賞玩猶可缸上忌設小朱欄花亦當取異種如並頭重臺品字四面觀音碧蓮金邊等乃佳白者藕勝紅者房勝不可種七石酒缸及花缸内

### 水仙

水仙二種花高葉短單瓣者佳冬月宜多植但其性不耐寒取極佳者移盆盎置几案間次者雜植松竹之下或古梅奇石間更雅馮夷服花八石得為水仙其名最雅六朝人乃呼為雅蒜大可軒渠

## 鳳仙

號金鳳花宋避李后諱改為好兒女花其種易生花葉俱無可觀更有以五色種子同納竹筒花開五色以為奇甚無謂花紅能染指甲然亦非美人所宜

## 茉莉素馨夜合

夏夜最宜多置風輪一鼓滿室清芬章江編籬插棘俱用茉莉花時千艘俱集虎丘故花市初夏最盛培養得法亦能隔歲發花第枝葉非几案物不若夜合可供瓶

玩

杜鵑

花極爛熳性喜陰畏熱宜置樹下陰處花時移置几案間別有一種名映山紅宜種石岩之上又名羊躑躅

秋色

吳中稱雞冠雁來紅十樣錦之屬名秋色秋深雜彩爛然俱堪點綴然僅可植廣庭若幽牕多種便覺蕪雜雞冠有矮腳者種亦奇

松

松柏古雖並稱然最高貴者必以松為首天目最上然不易種取栝子松植堂前廣庭或廣臺之上不妨對偶齋中宜植一株下用文石為臺或太湖石為欄俱可水

仙蘭蕙萱草之屬雜蒔其下山松宜植土岡之上龍鱗既成濤水相應何減五株九里哉

### 木槿

花中最賤然古稱舜華其名最遠又名朝菌編籬野圃不妨間植必稱林園佳友未之敢許也

### 桂

叢桂開時真稱香窟宜闢地二畝取各種並植結亭其中不得顏以天香小山等語更勿以他樹雜之樹下地平如掌潔不容唾花落地即取以充食品

### 柳

順插為楊倒插為柳更須臨池種之柔條拂水弄綠搓黃大有逸致且其種不生蟲更可貴也西湖柳亦佳頗

涉脂粉氣白楊風楊俱不入品

黃楊

黃楊未必厄閏然實難長長丈餘者綠葉古株最可愛玩不宜植盆盎中

芭蕉

綠牕分映但取短者為佳盖高則葉為風所碎耳冬月有去梗以稻艸覆之者過三年即生花結甘露亦甚不必又作盆玩者更可笑不如椶櫚為雅且為麈尾蒲團更適用也

槐榆

宜植門庭板扉綠映真如翠幄槐有一種天然樛屈枝葉皆倒垂蒙密名盤槐亦可觀他如石楠冬青杉柏皆丘

壠間物非園林所尚也

梧桐

青桐有佳蔭株緑如翠玉宜種廣庭中當日令人洗拭且取枝梗如畫者若直上而旁無他枝如拳如蓋及生棉者皆所不取其子亦可點茶生於山岡者曰岡桐子可作油

椿

椿樹高聳而枝葉踈與樗不異香曰椿臭曰樗圃中沿牆宜多植以供食

銀杏

銀杏株葉扶踈新緑時最可愛吴中刹宇及舊家名園大有合抱者新植似不必

## 烏臼

秋晚葉紅可愛較楓樹更耐久茂林中有一株兩株不減石徑寒山也

## 竹

種竹宜築土為壠環水為谿小橋斜渡陟級而登上留平臺以供坐臥科頭散髮儼如萬竹林中人也否則闢地數畝盡去雜樹四週石壘令稍高以石柱朱欄圍之竹下不留纖塵片葉可席地而坐或留石臺石櫈之屬竹取長枝巨榦以毛竹為第一然宜山不宜城城中則護基筍最佳竹不甚雅粉筋斑紫四種俱可燕竹最下慈姥竹即桃枝竹不入品又有木竹黄菰竹箬竹方竹黄金間碧玉觀音鳳尾金銀諸竹忌種花欄之上及庭

中平植一帶牆頭直立數竿至如小竹叢生曰瀟湘竹宜於石巖小池之畔留植數枝亦有幽致種竹有疎種密種淺種深種之法疎種謂三四尺地方種一窠欲其土虛行鞭密種謂竹種雖疎然每窠却種四五竿欲其根密淺種謂種時入土不深深種爲入土雖不深上以田泥壅之如法無不茂盛又棕竹三等曰筋頭曰短柄二種枝短葉垂堪植盆盎曰樸竹節稀葉硬全欠溫雅但可作扇骨料及畫叉柄耳

## 菊

吴中菊盛時好事家必取數百本五色相間高下次列以供賞玩此以誇富貴容則可若眞能賞花者必覓異種用古盆盎植一枝兩枝莖挺而秀葉密而肥至花發

時置几榻間坐卧把玩乃為得花之性情甘菊惟蕩口有一種枝曲如偃蓋花密如鋪錦者最奇餘僅可收花以供服食野菊宜着籬落間菊有六要二防之法謂胎養土宜扶植雨暘修葺灌溉防蟲及雀作窠時必來摘葉此皆園丁所宜知又非吾輩事也至如瓦料盆及合兩瓦為盆者不如無花為愈矣

## 蘭

蘭出自閩中者為上葉如劍芒花高於葉離騷所謂秋蘭兮青青綠葉兮紫莖者是也次則贛州者亦佳此俱山齋所不可少然每處僅可置一盆多則類虎丘花市盆盎須覓舊龍泉均州內府供春絶大者忌用花缸牛腿諸俗製四時培植春日葉芽已發盆土已肥不可

沃肥水常以塵帚拂拭其葉勿令塵垢夏日花開葉嫩
勿以手搖動待其長茂然後拂拭秋則微撥開根土以
米泔水少許注根下勿漬汚葉上冬則安頓向陽暖室
天晴無風舁出時時以盆轉動四面令勻午後即收入
勿令霜雪侵之若葉黑無花則陰多故也治蟻虱惟以
大盆或缸盛水浸逼花盆則蟻自去又治葉虱如白點
以水一盆滴香油少許於內用綿蘸水拂拭亦自去矣
此秋蘭簡便法也又有一種出杭州者曰杭蘭出陽羨
山中者名興蘭一榦數花者曰蕙此皆可移植石巖之
下須得彼中原本則歲歲發花珍珠風蘭俱不入品箬
蘭其葉如箬似蘭無馨草花奇種金粟蘭名賽蘭香特
甚

## 瓶花

堂供必高瓶大枝方快人意忌繁雜如縛忌花瘦於瓶忌香煙燈煤燻觸忌油手拈弄忌井水貯瓶味鹹不宜於花忌以插花水入口梅花秋海棠二種其毒尤甚冬月入硫黃於瓶中則不凍

## 盆玩

盆玩時尚以列几案間者為第一列庭榭中者次之余持論則反是最古者以天目松為第一高不過二尺短不過尺許其本如臂其針若簇結為馬遠之歌斜詰曲郭熙之露頂張拳劉松年之偃亞層疊盛子昭之拖拽軒翥等狀栽以佳器槎牙可觀又有古梅蒼蘚鱗皴苔鬚垂滿含花吐葉歷久不敗者亦古若如時尚作沉香

片者甚無謂蓋木片生花有何趣味真所謂以耳食者矣又有枸杞及水冬青野榆檜柏之屬根若龍蛇不露束縛鋸截痕者俱高品也其次則閩之水竹杭之虎刺尚在雅俗間乃若菖蒲九節神仙所珍見石則細見土則粗極難培養吳人洗根澆水竹翦修淨謂朝取葉間垂露可以潤眼意極珍之余謂此宜以石子鋪一小庭遍種其上雨過青翠自然生香若盆中栽植列几案間殊為無謂此與蟠桃雙果之類俱未敢隨俗作好也他如春之蘭蕙夏之夜合黃香萱夾竹桃花秋之黃密矮菊冬之短葉水仙及美人蕉諸種俱可隨時供玩盆以青綠古銅白定官哥等窯為第一新製者五色內窯及供春粗料可用餘不入品盆宜圓不宜方尤忌長狹石

以靈壁英石西山佐之餘亦不入品齋中亦僅可置一
二盆不可多列小者忌架於朱几大者忌置於官磚得
舊石欖或古石蓮磉為座乃佳

卷二 花木

弄花一岁，看花十日。故帏箔映蔽，铃索护持，非徒富贵容也。第繁花杂木，宜以亩计。乃若庭除槛畔，必以虬枝古干，异种奇名，枝叶扶疏，位置疏密。或水边石际，横偃斜披；或一望成林；或孤枝独秀。草花不可繁杂，随处植之，取其四时不断，皆入图画。又如桃、李不可植于庭除，似宜远望；红梅、绛桃，俱借以点缀林中，不宜多植。梅生山中，有苔藓者，移置药栏，最古。杏花差不耐久，开时多值风雨，仅可作片时玩。蜡梅冬月最不可少。他如豆棚、菜圃，山家风味，固自不恶，然必辟隙地数顷，别为一区。若于庭除种植，便非韵事。更有石磉木柱，架缚精整者，愈入恶道。至于艺兰栽菊，古各有方。时取以课园丁，考职事，亦幽人之务也。志《花木第二》。

【译文】养花一岁，赏花十日。所以在种植花木时会用帷幕、帘子为其遮风避雨，系上铃铛驱赶鸟雀，不仅仅是为了花绽放时的富贵景象。若是想种植各种各样的花木，就应当按亩计算。至于庭前阶下，栏杆之畔，一定要配以曲枝古干，名花珍卉，枝叶繁茂，高低错落，疏密有致。要么在水边石旁，横卧斜生；要么一望成林；要么孤枝独秀。草花不能太过繁杂，应该随处种植，使其四季变化而美景不断，这样随时都如同身处画中。又比如桃、李不可种在庭前阶下，只适合远观；红梅、绛桃，都可以在林中作点缀，但不宜过多种植。梅生在山中，选长有苔藓的梅树，移植到花栏中，最有古韵。杏花开放的时间不长，因为花开时多逢风雨，所以赏玩的时间很短。在冬季最不能缺少的是蜡梅。其他像豆棚、菜圃，颇有山野风味，虽然也很不错，但必须要专门空出数顷土地，自成一个区域。倘若将其种植在庭前阶下，那就并非风雅之事了。更有人将石墩、木柱，精心捆绑搭设，那就显得更加恶俗了。至于种兰、栽菊，古时各有方法。如今以此教授园丁，考核技艺，是幽居之士的要务了。记《花木第二》。

## 牡丹　芍药

牡丹称花王，芍药称花相，俱花中贵裔。栽植赏玩，不可毫涉酸气。用文石为栏，参差数级，以次列种。花时设宴，用木为架，张碧油幔于上，以蔽日色，夜则悬灯以照。忌二种并列，忌置木桶及盆盎中。

《红楼梦·憨湘云醉眠芍药裀》（局部）

【译文】牡丹有花王之称，芍药有花相之称，都是花中贵族。栽植赏玩，不可沾染丝毫的寒酸之气。用有纹理的石头做成栏杆，参差错落，依次种植。花开时设宴，用木为架，将绿色的帷幔罩在外面，以遮蔽阳光，夜晚则悬挂灯烛来照明。牡丹与芍药忌讳并列种植，忌讳把两者放置在木桶及盆盎之中。

## 玉兰

宜种厅事前。对列数株，花时如玉圃琼林，最称绝胜。别有一种紫者，名木笔，不堪与玉兰作婢，古人称辛夷，即此花。然辋川辛夷坞、木兰柴不应复名，当是二种。

《红楼梦·憨湘云醉眠芍药裀》（局部）

【译文】玉兰适合种在厅堂前面。将数株排列种植，花开时洁白一片，犹如玉圃琼林，堪称绝胜美景。另有一种紫色的玉兰，名为木笔，给玉兰做奴婢都不配，古人称之为辛夷，就是此花。但辋川别业中的辛夷坞、木兰柴中所种植的不应是同种异名，而是两个不同品种。

## 海棠

昌州海棠有香，今不可得；其次西府为上，贴梗次之，垂丝又次之。余以垂丝娇媚，真如妃子醉态，较二种尤胜。木瓜花似海棠，故亦称木瓜海棠。但木瓜花在叶先，海棠花在叶后，为差别耳。别有一种曰「秋海棠」，性喜阴湿，宜种背阴阶砌，秋花中此为最艳，亦宜多植。

【译文】昌州的海棠香气芬芳，但如今已经没有了；其次西府海棠为上，贴梗海棠次之，垂丝海棠又次之。而我认为垂丝海棠有娇媚之姿，犹如杨贵妃醉酒之态，相较西府海棠和贴梗海棠别有一番景致。木瓜花形似海棠，故而也称其为木瓜海棠。但木瓜花开在长叶子之前，海棠花开在长叶子之后，这就是两者的不同。还有一种名为「秋海棠」，性喜阴凉潮湿，适合种在庭阶的背阴处，此花在秋季的花卉中最是娇艳，也适合多多栽种。

## 山茶

蜀茶、滇茶俱贵，黄者尤不易得。人家多以配玉兰，以其花同时，而红白烂然，差俗。又有一种名醉杨妃，开向雪中，更自可爱。

【译文】蜀茶、滇茶都十分名贵，黄色的尤为难得。平常人家大多配以玉兰一同栽种，因为两者的花期相同，但红白相间，灿烂绚丽，不免略显俗气。还有一种山茶花名醉杨妃，开在雪中，更加惹人喜爱。

## 桃

桃为仙木，能制百鬼，种之成林，如入武陵桃源，亦自有致，第非盆盎及庭除物。桃性早实，十年辄枯，故称「短命花」。碧桃、人面桃差之，较凡桃更美，池边宜多植。若桃柳相间便俗。

【译文】桃木是有仙气的灵木，能压制各种邪物，种下一片桃林，就如同身置武陵桃花源一般，也别有一番情致，但桃树不适合种在盆盎和庭院之中。桃树的特性是开花早结果早，十年就会枯死，因此被称为「短命花」。碧桃、人面桃开花晚一些，但相较普通的桃花会更加娇美，池塘边适合多多栽种。假若桃柳相间种植便会显得俗气了。

## 李

桃花如丽姝，歌舞场中，定不可少。李如女道士，宜置烟霞泉石间，但不必多种耳。别有一种名郁李子，更美。

【译文】桃花仿若美人，歌舞场中，定不可少。李花仿若女道士，适合种在烟霞缭绕的山水之间，但不必过多种植。还有一种名为郁李子，更美。

## 杏

杏与朱李、蟠桃皆堪鼎足，花亦柔媚。宜筑一台，杂植数十本。

【译文】杏与朱李、蟠桃堪称三分鼎足，杏花也十分柔媚。应当修筑一处平台，混杂栽种这三种树，种上数十株。

## 梅

幽人花伴，梅实专房。取苔护藓封，枝稍古者，移植石岩或庭际，最古。另种数亩，花时坐卧其中，令神骨俱清。绿萼更胜，红梅差俗；更有虬枝屈曲，置盆盎中者，极奇。蜡梅磬口为上，荷花次之，九英最下，寒月庭除，亦不可无。

【译文】幽居之士，各类花卉常伴左右，其中梅花独享宠爱。取枝干上长有地衣和苔藓，并且枝干略显苍古的梅树，移栽到岩石或庭院之间，最有古韵。另外再种数亩梅树，花开时坐卧其中，令人神清气爽。绿萼梅最佳，红梅略显俗气；更有枝干盘曲，种在盆盎之中的梅树，极为奇丽。蜡梅之中以磬口梅为上，荷花梅次之，九英梅最次，然而在寒冬时节，庭院之中也不可没有梅树。

## 瑞香

相传庐山有比丘昼寝，梦中闻花香，寤而求得之，故名「睡香」。四方奇异，

明·刘世儒《墨梅图》

谓「花中祥瑞」，故又名「瑞香」，别名「麝囊」。又有一种「金边」者，人特重之。枝既粗俗，香复酷烈，能损群花，称为「花贼」，信不虚也。

【译文】相传庐山有位比丘白天睡觉时，梦中闻到花香，醒来后寻得此花，因此将这种花取名为「睡香」。周围的人倍感惊奇，认为此花是「花中祥瑞」，故而又名「瑞香」，别名「麝囊」。还有一种名为金边睡香，人们格外珍视。瑞香不仅枝叶粗俗，花香又十分酷烈，气盖群芳，因而瑞香被称为「花贼」，的确不假。

## 蔷薇 木香

尝见人家园林中，必以竹为屏，牵五色蔷薇于上。架木为轩，名「木香棚」。花时杂坐其下，此何异酒食肆中？然二种非屏架不堪植，或移着闺阁，供士女采掇，差可。别有一种名「黄蔷薇」，最贵，花亦烂漫悦目。更有野外丛生者，名「野蔷薇」，香更浓郁，可比玫瑰。他如宝相、金沙罗、金钵盂、佛见笑、七姊妹、十姊妹、刺桐、月桂等花，姿态相似，种法亦同。

【译文】我曾见别人的园林中，用竹子编制篱笆，让五色蔷薇攀附在上面。用木头搭建亭子，使得木香可以在上面攀爬，名为「木香棚」。花开时众人闲坐在花下，这与身在酒楼饭馆又有何异？但这两种花除了依附篱笆、木架就无法栽种，有人将其移栽到闺阁之内，供女子采摘，勉强可以。还有一种名为「黄蔷薇」，最是珍贵，花朵也是绚丽鲜艳，赏心悦目。还有一种在野外丛生的蔷薇，名为「野蔷薇」，花香更加浓郁，可与玫瑰相媲美。其他如宝相、金沙罗、金钵盂、佛见笑、七姊妹、十姊妹、刺桐、月桂等花，姿态相似，种法也一样。

# 玫瑰

玫瑰一名「徘徊花」，以结为香囊，芬氲不绝，然实非幽人所宜佩。嫩条丛刺，

宋・马远《白蔷薇图》

不甚雅观，花色亦微俗，宜充食品，不宜簪带。吴中有以亩计者，花时获利甚夥。

【译文】玫瑰又名「徘徊花」，将其制成香囊，香味不断，但实在不适合幽居之士佩戴。玫瑰的枝条柔嫩而多刺，不甚雅观，花色也略显俗气，适合烹制成食品，但不适合佩戴。吴地有人种植玫瑰以亩计算，花开时获利颇丰。

## 紫荆　棣棠

紫荆枝干枯索，花如缀珥，形色香韵，无一可者，特以京兆一事，为世所述，以比嘉木。余谓不如多种棣棠，犹得风人之旨。

【译文】紫荆的枝干少叶，花如耳环，它的形、色及香韵，无一处可取，只是因为汉朝时京城的田真兄弟三人分家的故事，为世人所传，因此才能与嘉木比肩。我认为还不如多种些棣棠，尚且能体会到诗人的风韵。

## 葵花

葵花种类莫定，初夏，花繁叶茂，最为可观。一曰「戎葵」，奇态百出，宜种旷处；一曰「锦葵」，其小如钱，文采可玩，宜种阶除；一曰「向日」，别名「西番葵」，最恶。秋时一种，叶如龙爪，花作鹅黄者，名「秋葵」，最佳。

【译文】葵花种类繁多，初夏之时，花繁叶茂，最为可观。葵花之中有一种名为「戎葵」，奇态万千，适合种在前阶下；一种名为「锦葵」，花朵小如铜钱，色彩缤纷，可供赏玩，适合种在庭前阶下；一种名为「向日葵」，别名「西番葵」，最是惹人不喜。秋季还有一种，叶像龙爪，花为鹅黄色，名为「秋葵」，最佳。

## 罂粟

以重台千叶者为佳，然单叶者子必满，取供清味亦不恶，药栏中不可缺此一种。

【译文】罂粟以花瓣多重繁复者为佳，但是单瓣的所结果实必多，取来烹制成清淡的菜肴，味道也不错，花栏中不可缺少此花。

## 薇花

薇花四种：紫色之外，白色者曰「白薇」，红色者曰「红薇」，紫带蓝色者曰「翠薇」。此花四月开，九月歇，俗称「百日红」。山园植之，可称「耐久朋」。然花但宜远望，北人呼「猴郎达树」，以树无皮，猴不能捷也。其名亦奇。

【译文】薇花有四种：紫色之外，白色的名为「白薇」，红色的名为「红薇」，紫中带蓝的名为「翠微」。薇花四月花开，九月花谢，俗称「百日红」。将其种在园林之中，可称为「耐久朋」。但是此花只适合远观，北方将其称为「猴郎达树」，是因为此树没有树皮，枝干光滑，猴子无法在上面攀爬。这个名字也十分奇特。

## 芙蓉

宜植池岸，临水为佳；若他处植之，绝无丰致。有以靛纸蘸花蕊上，仍裹其尖，花开碧色，以为佳，此甚无谓。

【译文】芙蓉适合种在池塘水岸旁，以临水为佳；假若种在别处，绝无风采韵致。有人用靛水调纸，染在花蕊上，并用纸将其尖部裹住，这样花开时就可呈碧蓝色，以为这样更好看，但这样做毫无意义。

## 萱花

萱草忘忧，亦名「宜男」，更可供食品，岩间墙角，最宜此种。又有金萱，色淡黄，香甚烈，义兴山谷遍满，吴中甚少。他如紫白蛱蝶、春罗、秋罗、鹿葱、洛阳、石竹，皆此花之附庸也。

【译文】萱草一名「忘忧草」，又名「宜男」，也是可以食用的植物，岩间墙角，最适合种植萱草。还有一种金萱，花色淡黄，花香浓郁，在义兴一带，此花漫山遍野，而吴地十分稀少。其他的品种如紫白蛱蝶、春罗、秋罗、鹿葱、洛阳、石竹等，都是萱草的附庸。

## 薝卜

一名「越桃」，一名「林兰」，俗名「栀子」，古称「禅友」，出自西域，宜种佛室中。其花不宜近嗅，有微细虫入人鼻孔，斋阁可无种也。

【译文】薝卜一名「越桃」，一名「林兰」，俗名「栀子」，古时称之为「禅友」，来自西域，适合种在佛堂。此花不宜近嗅，因为会有细小的虫子钻进鼻孔，斋阁可以不种。

## 玉簪

洁白如玉，有微香，秋花中亦不恶。但宜墙边连种一带，花时一望成雪，若植盆石中，最俗。紫者名紫萼，不佳。

【译文】如美玉一样冰清玉洁，有微淡的香气，在秋季的花中也不算差。但是它适宜在院子的墙边种一片，到了花期一眼望去如雪一般，要种在盆景中就是俗气了。紫色的叫紫萼，是最不好的。

## 金钱

午开子落，故名「子午花」。长过尺许，扶以竹箭，乃不倾欹。种石畔尤可观。

【译文】金钱午时花开，子时花落，因此名为「子午花」。金钱长到一尺左右时，要架起细竹子支撑，这样就不会歪斜。金钱种在石畔格外美观。

## 藕花

藕花池塘最胜，或种五色官缸，供庭除赏玩犹可。缸上忌设小朱栏。花亦当取异种，如并头、重台、品字、四面观音、碧莲、金边等乃佳。白者藕胜，红者房胜。不可种七石酒缸及花缸内。

明·陈洪绶《荷花图》

【译文】藕花种在池塘中最佳，或是种在五色官缸中，放在庭院以供赏玩也可。缸上忌设朱红色的小栏杆。花也应当挑选不同的品种，如并头、重台、品字、四面观音、碧莲、金边等品种最佳。白色藕花，结出的藕最佳；红色藕花，长出的花托最佳。藕花不可种在七石酒缸以及瓦缸之中。

## 水仙

水仙二种，花高叶短，单瓣者佳。冬月宜多植，但其性不耐寒，取极佳者移盆盎，置几案间。次者杂植松竹之下，或古梅奇石间，更雅。冯夷服花八石，得为水仙，其名最雅，六朝人乃呼为「雅蒜」，大可轩渠。

【译文】水仙有两种，以花高叶短的单瓣水仙最佳。冬季时适宜多多栽种，但其性不耐寒，取长势极佳的水仙移栽到盆盎中，置于几案。次等的水仙杂种在松竹之下，或是种在古梅奇石之间，显得更加雅致。水神冯夷服食了八石这种花，因而得名「水仙」，这个名字最为雅致，六朝人将其称为「雅蒜」，实在是贻笑大方。

## 凤仙

号「金凤花」，宋避李后讳，改为「好儿女花」。其种易生，花叶俱无可观。更有以五色种子同纳竹筒，花开五色，以为奇，甚无谓。花红，能染指甲，然亦非美人所宜。

【译文】凤仙又名「金凤花」，南宋时为了避宋光宗的皇后李凤娘的名讳，改为「好儿女花」。凤仙容易成活，但其花叶都不美观。还有人将五色种子放在一个竹筒中，以此花开五色，认为新奇特别，但这样做其实毫无意义。红色的凤仙，能染指甲，同样不适合美人。

## 茉莉　素馨　百合

夏夜最宜多置，风轮一鼓，满室清芬，章江编篱插棘，俱用茉莉。花时，千艘俱集虎丘，故花市初夏最盛。培养得法，亦能隔岁发花，第枝叶非几案物，不若夜合，可供瓶玩。

【译文】夏季的夜晚最适合多多摆放茉莉、素馨、百合，风轮一鼓，满室清香，章江一带编制篱笆，都会用到茉莉。花开时，成千上万的船只齐聚虎丘，所以虎丘的花市在初夏之时最为繁华。倘若培育得当，也能隔年开花，但是茉莉并不适合放在几案之上，不像夜合，可以置于瓶中赏玩。

## 杜鹃

花极烂漫，性喜阴畏热，宜置树下阴处。花时，移置几案间。别有一种名「映山红」，宜种石岩之上，又名「山踯躅」。

【译文】杜鹃花色极其鲜艳，性喜阴畏热，适宜种在树下的阴凉处。花开时，移栽放于几案之上。又有一种名为「映山红」，适合种在岩石之上，又名「山踯躅」。

## 秋色

吴中称鸡冠、雁来红、十样锦之属，名「秋色」。秋深，杂彩烂然，俱堪点缀。然仅可植广庭，若幽窗多种，便觉芜杂。鸡冠有矮脚者，种亦奇。

【译文】吴中将鸡冠、雁来红、十样锦等花称为「秋色」。每到深秋，这些花颜色艳丽耀眼，全都堪作点缀之物。但这些花只可种在广阔的庭院之中，倘若在幽窗之下多种，便会觉得杂芜。有一种很矮的鸡冠花，同样十分奇特。

## 松

松、柏古虽并称，然最高贵者，必以松为首。天目最上，然不易种。取栝子松植堂前广庭，或广台之上，不妨对偶。斋中宜植一株，下用文石为台，或太湖石为栏俱可。水仙、兰蕙、萱草之属，杂莳其下。山松宜植土冈之上，龙鳞既成，涛声相应，何减五株九里哉？

【译文】虽然松、柏在古时并称，然而最高贵的，当以松为首。天目山的松树是最上品，但不易栽种。将栝子松种在堂前宽广的庭院中，或是种在广阔的台子上，栽种时不妨相互对称。在斋舍中也可以种一株，下面用有纹理的石头制成台子，或是用太湖石制成栏杆都可以。水仙、兰蕙、萱草等花卉，混杂种在树下。山松适合种在土岗之上，松树成林之后，清风吹过，松涛阵阵，怎会比不上五株、九里呢？

元·赵孟頫《双松平远图》

**木槿**

花中最贱，然古称「舜华」，其名最远；又名「朝菌」。编篱野岸，不妨间植。必称林园佳友，未之敢许也。

**【译文】**木槿是花中最低贱的，然而古时将其称为「舜华」，此名由来已久；又名「朝菌」。在篱笆旁或是野外的水边，不妨种一些。如果一定要称它为园林佳友，那我就不敢认同了。

**桂**

丛桂开时，真称「香窟」，宜辟地二亩，取各种并植，结亭其中，不得颜以「天香」「小山」等语，更勿以他树杂之。树下地平如掌，洁不容唾，花落地，即取以充食品。

**【译文】**桂树丛林在开花时，真可谓「香窟」，适宜空出两亩地，种上各种桂花树，并在其中修建亭子，但不可以「天香」「小山」等字取名，更不要夹杂栽种其他树。桂花树下的土地应当像手掌一样平整，洁净得不容有唾液溅落，桂花落地，即可取来烹制食品。

**柳**

顺插为杨，倒插为柳，更须临池种之。柔条拂水，弄绿搓黄，大有逸致；且其种不生虫，更可贵也。西湖柳亦佳，颇涉脂粉气。白杨、风杨，俱不入品。

【译文】枝条向上的是蒲柳，枝条下垂的是垂柳，垂柳应当临池而种。柔条软枝轻拂水面，绿叶黄芽相映，颇有逸致；而且柳树不会生虫，这就更加可贵。西湖柳也是上品，颇有脂粉气。白杨、风杨，都不入品。

## 黄杨

黄杨未必厄闰，然实难长，长丈余者，绿叶古株，最可爱玩，不宜植盆盎中。

【译文】黄杨未必在闰年就不长，但的确很难长高。高一丈左右的黄杨，绿叶古株，最适合赏玩，不宜种在盆盎之中。

## 芭蕉

绿窗分映，但取短者为佳，盖高则叶为风所碎耳。冬月有去梗以稻草覆之者，过三年，即生花结甘露，亦甚不必。又作盆玩者，更可笑。不如棕榈为雅，且为麈尾蒲团，更适用也。

【译文】将芭蕉种在窗下，绿叶映衬着窗户，但是以矮小的芭蕉为佳，因为高大的芭蕉，叶子会被风刮碎。冬月时有人砍去它的梗茎，用稻草将其覆盖，三年后，就会长出含有甘露的花苞，但是没有必要这么做。还有人将其制成盆景，更为可笑。芭蕉不如棕榈雅致，而且芭蕉制成拂尘、蒲团，则更加实用。

## 槐榆

宜植门庭，板扉绿映，真如翠幄。槐有一种天然樛屈，枝叶皆倒垂蒙密，名「盘槐」，亦可观。他如石楠、冬青、杉、柏，皆丘垅间物，非园林所尚也。

【译文】槐树、榆树适合种在门口和庭院之中，门户与绿叶相互掩映，犹如翠绿的帐幔。有一种槐树，枝干天然下弯倒垂，树叶茂密，名为「盘槐」，也十分美观。其他如石楠、冬青、杉、柏，这些都是种在墓地的树，不适合种在园林之中。

## 梧桐

青桐有佳荫，株绿如翠玉，宜种广庭中。当日令人洗拭，且取枝梗如画者，若直上而旁无他枝，如拳如盖，及生棉者，皆所不取，其子亦可点茶。生于山冈者曰「冈桐」，子可作油。

【译文】梧桐树冠高大，绿荫如盖，枝干翠如碧玉，适合种在开阔的庭院之中。每日命人清洗擦拭，并且要选择枝梗如画的梧桐，若是树干直上，光滑且没有分枝，枝叶像拳头和伞盖一样，以及生有飞絮的梧桐，都不要选，梧桐种子也可以泡茶。长在山冈上的梧桐名为「冈桐」，种子可以榨油。

## 椿

椿树高耸而枝叶疏，与樗不异，香曰「椿」，臭曰「樗」。圃中沿墙，宜多植以供食。

【译文】椿树高耸而枝叶稀疏，与樗树没有差别，香者称为「椿」，臭者称为「樗」。园圃的墙边，适宜多栽种以供食用。

## 银杏

银杏株叶扶疏，新绿时最可爱。吴中刹宇，及旧家名园，大有合抱者，新植似不必。

【译文】银杏枝叶茂盛，疏密有致，刚刚发芽时，最是惹人喜爱。吴中的寺院，以及旧时的世家名园之中，都有双臂合抱那么粗的银杏，新种似乎就不必了。

## 乌臼

秋晚，叶红可爱，较枫树更耐久，茂林中有一株两株，不减石径寒山也。

【译文】晚秋的乌臼，叶子呈红色，惹人喜爱，相较枫树，颜色会更加耐久，若是在茂密的树林之中，有一两株乌臼，也不亚于杜牧《山行》中的美景了。

## 竹

种竹宜筑土为垅，环水为溪，小桥斜渡，陟级而登，上留平台，以供坐卧，科头散发，俨如万竹林中人也。否则辟地数亩，尽去杂树，四周石垒令稍高，以石柱朱栏围之，竹下不留纤尘片叶，可席地而坐，或留石台石凳之属。竹取长枝巨干，以毛竹为第一，然宜山不宜城；城中则护基笋最佳，竹不甚雅。粉、筋、斑、紫，四种俱可，燕竹最下。慈姥竹即桃枝竹，不入品。又有木竹、黄菰竹、箬竹、方竹、黄金间碧玉、观音、凤尾、金银诸竹。忌种花栏之上，及庭中平植；一带墙头，直立数竿。至如小竹丛生，曰「潇湘竹」，宜于石岩小池之畔，留植数株，亦有幽致。种竹有「疏种」「密种」「浅种」「深种」之法。疏种谓「三四尺地方种一窠，欲其土虚行鞭」；密种谓「竹种虽疏，然每窠却种四五竿，欲其根密」；浅种谓「种时入土不深」；深种为「入土虽不深，上以田泥壅之」。如法，无不茂盛。又棕竹三等：曰筋头，曰短柄，二种枝短叶垂，堪植盆盎；曰朴竹，节稀叶硬，全欠温雅，但可作扇骨料及画义柄耳。

**【译文】**种植竹子时应当用土筑成垅，四周环以流水形成小溪，修建一座小桥斜跨溪水，拾级而上，上留平台，以供坐卧，不戴帽子，散开头发，俨然身处万竹林中。要不然，留出数亩空地，将其他杂树全部移除，四周用石头垒得高一些，用石柱和朱红栏杆围起来，竹子下面不留纤尘片叶，可以席地而坐，或是放置一些石台、石凳之类的东西。竹子要选择长枝巨干的品种，以毛竹为首选，但是毛竹适合种在山野之间不适合种在城中；城中最好栽种护基笋，其余的不甚雅致。粉竹、筋竹、斑竹、紫竹，四种都可以，燕竹最差。慈姥竹即桃枝竹，不入品。还有木竹、黄菰竹、箬竹、方竹、黄金间碧玉、观音、凤尾、金银等竹。

竹子忌讳种在花栏之上，以及种在庭中平地；也可以沿着墙边，种下一排。至于那种丛生的小竹，名为「潇湘竹」，适合在岩石小池之畔，种下数株，也别有幽静雅致之感。栽种竹子有「疏种」「密种」「浅种」「深种」之法。疏种即「每隔三四尺种一株，留出空地使得竹根蔓延生长」；密种即「虽然种得稀疏，但是每个坑却要种下四五株，使得竹根紧密」；浅种即「种时入土不深」；深种即「入土虽不深，但在根上要多多培土」。依照这四种方法，竹子无不茂盛。另外棕竹有三等：上等名为筋头，次等名为短柄，这两种枝短叶垂，可种在盆盎之中；下等名为朴竹，竹节稀少，叶子较硬，完全没有温雅之感，只可用来做扇骨和画轴而已。

明・文徵明《兰竹图》

## 菊

吴中菊盛时，好事家必取数百本，五色相间，高下次列，以供赏玩，此以夸富贵容则可。若真能赏花者，必觅异种，用古盆盎植一枝两枝，茎挺而秀，叶密而肥，至花发时，置几榻间，坐卧把玩，乃为得花之性情。甘菊惟荡口有一种，枝曲如偃盖，花密如铺锦者，最奇，余仅可收花以供服食。野菊宜着篱落间。菊有「六要」「二防」之法：谓胎养、土宜、扶植、雨旸、修葺、灌溉，防虫及雀作窠时，必来摘叶，此皆园丁所宜知，又非吾辈事也。至如瓦料盆及合两瓦为盆者，不如无花为

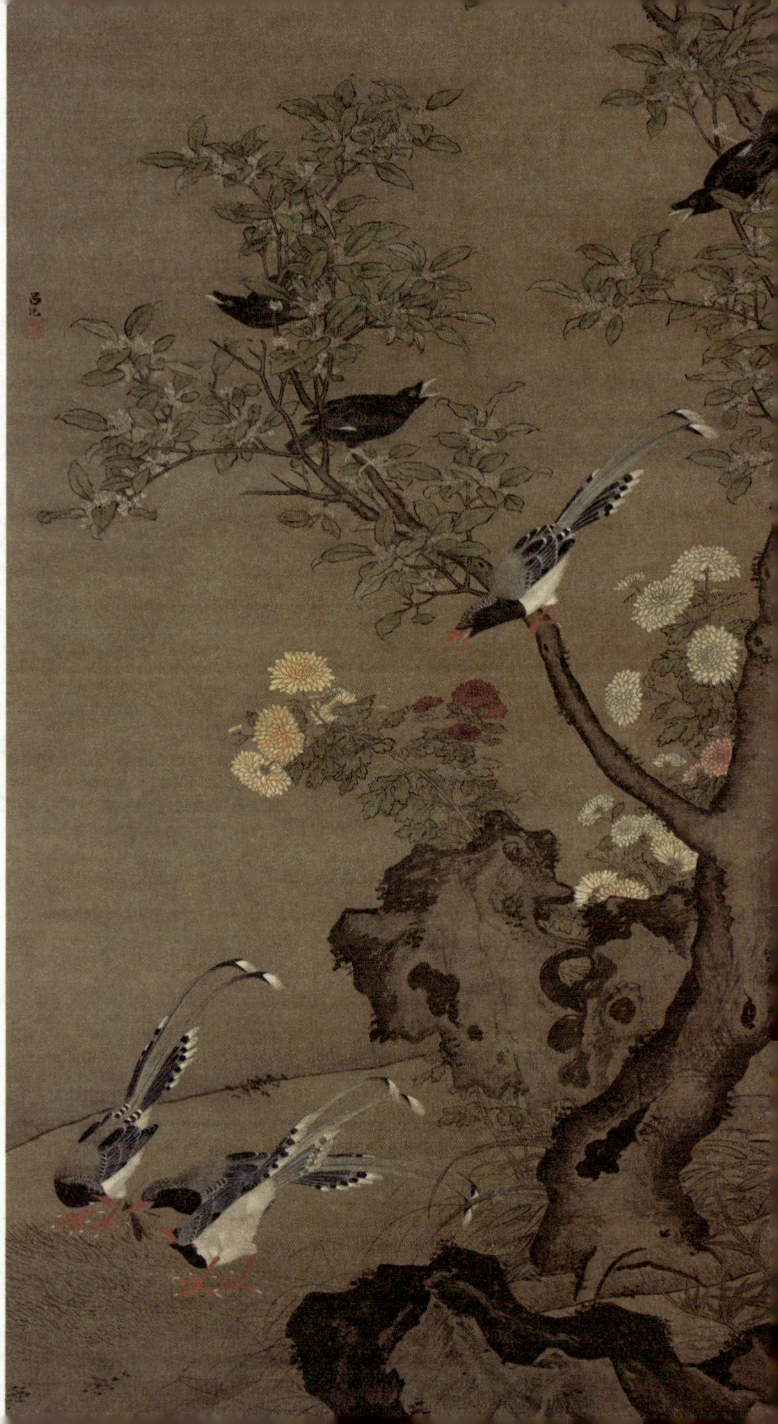

明・吕纪《桂菊山禽图》

愈矣。

【译文】吴中的菊花盛开时，好事的人家必会采集数百株，五色相间，高低排列，以供赏玩，这只能用来炫耀富贵而已。若是真正赏花之人，必定要寻觅奇株异种，用古雅的盆盎栽种一两株，茎干挺拔秀丽，叶子茂盛肥硕，等到花开时，放在几案卧榻之间，坐卧把玩，才能体味到菊花的性情。在荡口镇独有一种甘菊，枝干弯曲如伞盖张开，花朵繁茂如锦缎铺陈，最是奇特，其余品种的甘菊只能将花朵收集起来以供食用。野菊适合种在篱笆之间。种菊有「六要」「二防」之法：「六要」就是：育苗培养、土壤合宜、扶持培植、日光雨露、修剪枝条、浇水施肥，「二防」就是防虫以及防止鸟雀在搭巢时，飞来啄枝衔叶，这些事项都是园丁应当知晓的，并不是我等要做的事。至于用瓦料盆及用两块瓦合起来当作花盆的，还不如不养花为好。

## 兰

兰出自闽中者为上，叶如剑芒，花高于叶，《离骚》所谓「秋兰兮青青，绿叶兮紫茎」者是也。次则赣州者亦佳，此俱山斋所不可少，然每处仅可置一盆，多则类虎丘花市。盆盎须觅旧龙泉、均州、内府、供春绝大者，忌用花缸、牛腿诸俗制。四时培植，春日叶芽已发，盆土已肥，不可沃肥水，常以尘帚拂拭其叶，勿令尘垢；夏日花开叶嫩，勿以手摇动，待其长茂，然后拂拭；秋则微拨开根土，以米泔水少许注根下，勿渍污叶上；冬则安顿向阳暖室，天晴无风舁出，时时以盆转动，四面令匀，午后即收入，勿令霜雪侵之。若叶黑无花，则阴多故也。治蚁虱，惟以大盆或缸盛水，浸逼花盆，则蚁自去。又治叶虱如白点，以水一盆，滴香油少许于内，用棉蘸水拂拭，亦自去矣。此艺兰简便法也。又有一种出杭州者曰「杭兰」；出阳羡山中者名「兴兰」；一干数花者曰「蕙」，此皆可移植石岩之下，须得彼中原土，则岁岁发花。珍珠、风兰，俱不入品。箬兰，其叶如箬，似兰无馨，草花奇种。金粟兰名「赛兰」，香特甚。

**【译文】**兰花以产自闽中的为最佳，叶如剑锋，花高于叶，《离骚》中所说的「秋兰兮青青，绿叶兮紫茎」正是此花。其次赣州的兰花也算佳品，这些都是山斋之中必不可少的，但是每处仅可摆放一盆，多了就会像虎丘的花市。盆盎须选择龙泉、均州、内府、供春等名窑所烧制的最大号的，忌用花缸、牛腿缸等粗俗之物。兰花要四季培植，春季发芽后，盆土本已肥沃，不可再施肥，常用扫帚擦拭叶子，不要使其沾染尘垢；夏季花开叶嫩，不可用手晃动，待其根深繁盛时，再为其擦拭叶子；秋季则要为其轻轻松土，在根部浇灌少许淘米水，不要溅到叶子；冬季则要将兰花放在向阳的暖室中，天晴无风时搬到室外，时时转动花盆，使其四面都能均匀晒到阳光，午后就搬回室内，不让它受到霜雪的侵袭。倘若叶子发黑不开花，是因为缺少光照。若是要治蚂蚁、虱子等虫害，只需要用大盆或缸盛上水，将花盆泡在水中，则蚂蚁会自己离开。又或是治理像白点一样的叶虱，端一盆水，滴入少许香油，用棉花蘸水擦拭，叶虱也会自己离开。这些都是养护兰花的简便方法。还有一种产自杭州的兰花，名为「杭兰」；产自阳羡山中的兰花，名为「兴兰」；一株开数朵花的名为「蕙」，这几种都可以移植到岩石之下，只要带着它原生的土壤，就能年年开花。珍珠兰、风兰，都不入品。箬兰的叶子像箬竹，似兰而无香，是花草中的奇种。金粟兰名「赛兰」，香气十分浓郁。

## 瓶花

堂供必高瓶大枝，方快人意。忌繁杂如缚，忌花瘦于瓶，忌香、烟、灯煤熏触，忌油手拈弄，忌井水贮瓶，味咸不宜于花，忌以插花水入口，梅花、秋海棠二种，其毒尤甚。冬月入硫黄于瓶中，则不冻。

**【译文】**厅堂一定要摆放高瓶大枝的瓶花，方能赏心悦目。忌讳纷繁束缚，忌讳花少瓶大，忌讳香、烟、灯火的熏染，忌讳以油手把玩，忌讳瓶里装井水，因为井水发咸不宜插花，忌讳食用插花的水，梅花、秋海棠两种花，毒性尤其大。冬季时在瓶中放入硫黄，水就不会结冰。

## 盆玩

盆玩，时尚以列几案间者为第一，列庭榭中者次之，余持论则反是。最古者以天目松为第一，高不过二尺，短不过尺许，其本如臂，其针若簇，结为马远之「欹斜诘曲」，郭熙之「露顶张拳」，刘松年之「偃亚层叠」，盛子昭之「拖拽轩翥」等状，栽以佳器，槎牙可观。又有古梅，苍藓鳞皴，苔须垂满，含花吐叶，历久不败者，亦古。若如时尚作沉香片者，甚无谓。盖木片生花，有何趣味？真所谓以「耳食」者矣。又有枸杞及水冬青、野榆、桧柏之属，根若龙蛇，不露束缚锯截痕者，俱高品也。其次则闽之水竹，杭之虎刺，尚在雅俗间。乃若菖蒲九节，神仙所珍，见石则细，见土则粗，极难培养。吴人洗根浇水，竹剪修净，谓朝取叶间垂露，可以润眼，意极珍之。余谓此宜以石子铺一小庭，遍种其上，雨过青翠，自然生香；

若盆中栽植，列几案间，殊为无谓，此与蟠桃、双果之类，俱未敢随俗作好也。他如春之兰蕙，夏之夜合、黄香萱、夹竹桃花；秋之黄密矮菊；冬之短叶水仙及美人蕉诸种，俱可随时供玩。盆以青绿古铜、白定、官哥等窑为第一，新制者五色内窑及供春粗料可用，余不入品。盆宜圆，不宜方，尤忌长狭。石以灵璧、英石、西山佐之，余亦不入品。斋中亦仅可置一二盆，不可多列。小者忌架于朱几，大者忌置于官砖，得旧石凳或古石莲磉为座，乃佳。

【译文】盆景，时下推崇以摆放在几案之上的为第一，摆放在庭院台榭中的次之，而我的观点则与之相反。最有古韵的盆景以天目松为第一，高不过二尺，矮不低于一尺左右，树干如臂，松针如簇，形成马远笔下的「倾斜弯曲」，郭熙笔下的「粗犷豪壮」，刘松年笔下的「丑怪层叠」，盛子昭笔下的「拖拽高举」等形状，栽到上好的花盆中，高低错落，甚是美观。还有遍布苔藓，树干苍劲，含花吐叶，经久不败的古梅，也充满古韵。若像时下推崇的那样做些沉香片，那实在没什么意思。木片生花，有何趣味？不过是「流于世俗，盲目跟风」罢了。还有枸杞及水冬青、野生榆树、桧柏之类的盆景，根若龙蛇，没有露出束缚锯截痕迹的，都是佳品。其次是闽中的水竹，杭州的虎刺，还算在雅俗之间。再者，譬如九节菖蒲，是神仙所珍视的，长在石块间则瘦弱，长在土中则粗壮，极难培养。吴人会给盆景洗根浇水，修剪整洁，他们认为清晨取叶间的垂露，可以润眼，极为珍贵。我认为应当用石子铺设庭院，遍地种满菖蒲，雨后的菖蒲青翠欲滴，自然生香；若在盆中种植，摆在几案之上，那就着实无趣，菖蒲与蟠桃、双果之类的盆景一样，都不能顺应习俗与时尚。其他如春季的兰蕙，夏季的夜合、黄香萱、夹竹桃花，秋季的黄密矮菊，冬季的短叶水仙以及美人蕉等等，都可随时把玩。花盆以青绿古铜器、定窑白瓷及官窑、哥窑所产瓷器为第一，新制的五彩官窑瓷器及供春所制的粗料也可以使用，其余的都不入品。花盆宜圆不宜方，尤其忌讳又窄又长。用来点缀的石头可以选用灵璧石、英石、西山等石头，其余的都不入品。斋舍中也只可放置一两盆，不可多放。小的盆景忌讳放在朱红色的几案上，大的盆景忌讳放在官窑烧制的砖上，用旧石凳或是旧的莲花石墩为底座，最佳。

吴昌硕《岁朝清供图》

長物志卷三　　明 文震亨 撰

## 水石

石令人古水令人遠園林水石最不可無要須迴環峭拔安插得宜一峯則太華千尋一勺則江湖萬里又須修竹老木怪籐醜樹交覆角立蒼崖碧澗奔泉汛流如入深巖絕壑之中乃為名區勝地約略其名匪一端矣志水石第三

### 廣池

鑿池自畝以及頃愈廣愈勝最廣者中可置臺榭之屬或長堤橫隔汀蒲岸葦雜植其中一望無際乃稱巨浸若須華整以文石為岸朱欄迴遶忌中留土如俗名戰

魚墩或擬金焦之類池傍植垂柳忌桃杏間種中畜鳧雁須十數為羣方有生意最廣處可置水閣必如圖畫中者佳忌置簰舍於圻側植藕花削竹為闌勿令蔓衍忌荷葉滿池不見水色

## 小池

階前石畔鑿一小池必須湖石四圍泉清可見底中畜朱魚翠藻游泳可玩四周樹野藤細竹能掘地稍深引泉脈者更佳忌方圓八角諸式

## 瀑布

山居引泉從高而下為瀑布稍易園林中欲作此須截竹長短不一盡承簷溜暗接藏石罅中以斧劈石疊高下鑿小池承水置石林立其下雨中能令飛泉濆薄潺

溪有聲亦一奇也尤宜竹間松下青葱掩映更自可觀亦有蓄水於山頂客至去閘水從空直注者終不如雨中承溜為雅蓋總屬人為此尤近自然耳

## 鑿井

井水味濁不可供烹煮然澆花洗竹滌硯拭几俱不可缺鑿井須於竹樹之下深見泉脈上置轆轤引汲不則蓋一小亭覆之石欄古號銀牀取舊製最大而古朴者置其上井有神井傍可置頑石鑿一小龕遇歲時奠以清泉一杯亦自有致

## 天泉

秋水　梅水次之秋水白而洌梅水白而甘春冬二水春勝於冬蓋以和風甘雨故夏月暴雨不宜或因風

雷蛟龍所致最足傷人雪為五穀之精取以煎茶最為

幽況然新者有土氣稍陳乃佳承水用布於中庭受之

不可用簷溜

## 地泉

乳泉漫流如惠山泉為最勝次取清寒者泉不難於清

而難於寒土多沙膩泥凝者必不清寒又有香而甘者

然甘易而香難未有香而不甘者也瀑湧湍急者勿食

食久令人有頭疾如廬山水簾天台瀑布以供耳目則

可入水品則不宜溫泉下生硫黄亦非食品

## 流水

江水取去人遠者楊子南冷夾石渟淵特入首品河流

通泉竇者必須汲置候其澄澈亦可食

丹泉

名山大川仙翁修煉之處水中有丹其味異常能延年

卻病此自然之丹液不易得也

品石

石以靈壁為上英石次之然二種品甚貴購之頗艱大

者尤不易得高踰數尺者便屬奇品小者可置几案間

色如漆聲如玉者最佳横石以蠟地而峯巒峭拔者為

上俗言靈壁無峯英石無坡以余所見亦不盡然他石

紋片粗大絶無曲折屼嵂森聳崚嶒者近更有以大塊

辰砂石青石緑為研山盆石最俗

靈壁

出鳳陽府宿州靈壁縣在深山沙土中掘之乃見有細

白紋如玉不起岩岫佳者如臥牛蟠螭種種異狀真奇品也

英石

出英州倒生岩下以鋸取之故底平起峯高有至三尺及寸餘者小齋之前疊一小山最為清貴然道遠不易致

太湖石

石在水中者為貴歲久為波濤衝擊皆成空石面面玲瓏在山上者名旱石枯而不潤贗作彈窩若歷年歲久斧痕已盡亦為雅觀吳中所尚假山皆用此石又有小石久沉湖中漁人網得之與靈壁英石亦頗相類第聲不清響

## 堯峰石

近時始出苔蘚叢生古朴可愛以未經採鑿山中甚多但不玲瓏耳然政以不玲瓏故佳

## 崑山石

出崑山馬鞍山下生於山中掘之乃得以色白者為貴有雞骨片胡桃塊二種然亦俗尚非雅物也間有高七八尺者置之高大石盆中亦可此山皆火石火氣暖故栽菖蒲等物於上最茂惟不可置几案及盆盎中

## 錦川將樂羊肚

石品惟此三種最下錦川尤惡每見人家石假山輒置數峯于上不知何味斧劈以大而頑者為雅若直立一片亦最可厭

## 土瑪瑙

出山東兗州府沂州花紋如瑪瑙紅多而細潤者佳有紅絲石白地上有赤紅紋有竹葉瑪瑙花斑與竹葉相類故名此俱可鋸板嵌几榻屏風之類非貴品也石子五色或大如拳或小如豆中有禽魚鳥獸人物方勝回紋之形置青綠小盆或宣窯白盆內班然可玩其價甚貴亦不易得然齋中不可多置近見人家環列數盆竟如賈肆新都人有名醉石齋者聞其藏石甚富且奇其地溪澗中另有純紅純綠者亦可愛玩

## 大理石

出滇中白若玉黑若墨為貴白微帶青黑微帶灰者皆下品但得舊石天成山水雲烟如米家山此為無上佳

品古人以鑲屏風近始作几榻終為非古近京口一種與大理相似但花色不清石藥填之為山雲泉石亦可得高價然真偽亦易辨真者更以舊為貴

永石

即祁陽石出楚中石不堅色好者有山水日月人物之象紫花者稍勝然多是刀刮成非自然者以手摸之凹凸者可驗大者以製屏亦雅

## 卷三 水石

石令人古，水令人远，园林水石，最不可无。要须回环峭拔，安插得宜。一峰则太华千寻，一勺则江湖万里。又须修竹、老木、怪藤、丑树交覆角立，苍崖碧涧，奔泉汛流，如入深岩绝壑之中，乃为名区胜地。约略其名，匪一端矣。志《水石第三》。

**【译文】**石能让人心生幽古典雅之意，水能让人心生宁静悠远之感，园林之中，水、石最不可少。水应回环曲折，石当高峻峭拔，布局得当。置一山则要有如华山一样壁立千寻的险峻，设一水则要有如江湖一样波涛万里的浩渺。加上修竹、老木、怪藤、丑树交叠错落，卓然特立，苍崖碧涧，奔泉急流，如入高山深谷之中，这才能算得上名区胜地。这里只是略说其要，并非只能这样。记《水石第三》。

### 广池

凿池自亩以及顷，愈广愈胜。最广者，中可置台榭之属，或长堤横隔，汀蒲、岸苇杂植其中，一望无际，乃称巨浸。若须华整，以文石为岸，朱栏回绕，忌中留土，如俗名战鱼墩，或拟金、焦之类。池傍植垂柳，忌桃杏间种。中畜凫雁，须十数为群，方有生意。最广处可置水阁，必如图画中者佳。忌置簰舍。于岸侧植藕花，削竹为阑，勿令蔓衍。忌荷叶满池，不见水色。

【译文】开凿池塘小到一亩，大到百亩，越大越好。最大的，池中可以修建楼台亭榭之类，或是修筑长堤横隔水面，堤岸边种上菖蒲、芦苇，一望无际，这才能称之为大泽。倘若追求华丽整齐，则在岸边铺设有纹理的石头，四周环绕朱红色的栏杆，忌讳池中留有土堆，比如俗称的战鱼墩，或是模仿金山、焦山那样两山对峙。池边种垂柳，忌讳桃树、杏树相间种植。池中养些野鸭、大雁，须有十数只成群，这样才显得生意盎然。水中最宽广的地方可置楼阁，一定要像画中的式样为佳。忌置篱舍。在岸边种下藕花，削竹制成栏杆，不要让藕花蔓延。忌讳荷叶满池，看不到水色。

## 小池

阶前石畔凿一小池，必须湖石四围，泉清可见底。中畜朱鱼、翠藻，游泳可玩。四周树野藤、细竹，能掘地稍深，引泉脉者更佳。忌方圆八角诸式。

【译文】阶前石畔凿一小池塘，必须在池子四周砌上湖石，池水清澈见底。池中养些朱鱼、水草，鱼儿在其中游戏，可供赏玩。四周种上野藤、细竹，假如能挖得略深一些，将泉水引入池中则更佳。池塘忌讳建成方、圆、八角等形状。

## 瀑布

山居引泉，从高而下，为瀑布稍易，园林中欲作此，须截竹长短不一，尽承檐溜，暗接藏石罅中，以斧劈石叠高，下凿小池承水，置石林立其下，雨中能令飞泉濆薄，潺湲有声，亦一奇也。尤宜竹间松下，青葱掩映，更自可观。亦有蓄水于山

顶，客至去闸，水从空直注者，终不如雨中承溜为雅，盖总属人为，此尤近自然耳。

**【译文】**居于山中，将山泉引入，从高而下形成瀑布比较容易，若想在园林中制造瀑布，则须用长短不一的竹子，承接屋檐流下的雨水，再与岩石缝隙相接并暗藏其中，用斧劈石重叠垒高，下面凿一小池来接水，在池中放一些石头，下雨时能令飞泉喷涌，潺潺有声，也是一大奇景。特别适合设在竹间松下，青葱掩映，更加可观。也有人在山顶蓄水，等客人到访时就打开水闸，水从高空直泻而下，但终究不如承接雨水形成的瀑布更为雅致，因为山顶蓄水总归属于人为，而承接雨水则更接近自然。

## 凿井

井水味浊，不可供烹煮。然浇花洗竹，涤砚拭几，俱不可缺。凿井须于竹树之下，深见泉脉，上置辘轳引汲，不则盖一小亭覆之。石栏古号「银床」，取旧制最大而古朴者置其上。井有神，井傍可置顽石，凿一小龛，遇岁时奠以清泉一杯，亦自有致。

**【译文】**井水味浊，不可用来烹煮食用。但是浇花洗竹，涤砚拭几，都不可缺少。凿井须在竹子或树下，深挖见泉，上面置辘轳来汲水，要不然盖一座小亭来遮盖。石栏杆古称「银床」，取最大、式样老而又古朴的石栏杆，置于井台之上。井有井神，旁边可置一块石头，凿一小龛，每逢岁时节令，以一杯清泉来祭奠，同样别有一番情致。

## 天泉

秋水为上，梅水次之。秋水白而洌，梅水白而甘。春冬二水，春胜于冬，盖以和风甘雨，故夏月暴雨不宜，或因风雷蛟龙所致，最足伤人。雪为五谷之精，取以煎茶，最为幽况，然新者有土气，稍陈乃佳。承水用布，于中庭受之，不可用檐溜。

【译文】天泉以秋季的雨水为上，黄梅时节的雨水次之。秋季的雨水纯净而冷冽，黄梅时节的雨水纯净而甘甜。就春季和冬季的雨水而言，则春季胜于冬季，因为春季风柔雨润，而夏季的狂风暴雨不干净，也可能是因为风雷蛟龙所致，所以食用最伤身。雪为五谷之精，取来煎茶，最为清冽，但是新降的雪有土腥气，稍稍放置一段时间味道才佳。雨水须用布到院中接取，不可取用房檐流下的雨水。

## 地泉

乳泉漫流如惠山泉为最胜，次取清寒者。泉不难于清，而难于寒。土多沙腻泥凝者，必不清寒。又有香而甘者。然甘易而香难，未有香而不甘者也。瀑涌湍急者，勿食，食久令人有头疾。如庐山水帘、天台瀑布，以供耳目则可，入水品则不宜。温泉下生硫黄，亦非食品。

【译文】地下涌出的泉水，以甘美清冽的惠山泉最佳，清凉的泉水次之。泉水清澈并不难，难的是清凉。土多沙细、淤泥凝滞之处，泉水必不清凉。还有味香而甘的泉水。但味甘的泉水很容易找到，而味香的泉水就很难找，还没有泉水味香而不甘的。喷涌湍急的泉水，不可食用，长期食用会令人头疼。如庐山水帘、天台瀑布，供人观赏尚可，但不可取来饮用。温泉水含有硫黄，也不可饮用。

**流水**

江水取去人远者，扬子南泠，夹石渟渊，特入首品，河流通泉窦者，必须汲置，候其澄澈，亦可食。

**【译文】**江水要从远离人迹的地方取用，扬子江的南泠水，是从石间涌出的泉水，因此被列为极品。与河流相通的泉水，必须经过沉淀，等水澄澈后，才可食用。

**丹泉**

名山大川，仙翁修炼之处。水中有丹，其味异常，能延年却病，此自然之丹液，不易得也。

**【译文】**名山大川，是道士修炼的地方。那里的泉水含有朱砂，味道不同于一般的泉水，能延年祛病，这是天然的丹液，十分难得。

## 品石

石以灵璧为上，英石次之，然二种品甚贵，购之颇艰，大者尤不易得，高踰数尺者，便属奇品。小者可置几案间，色如漆，声如玉者最佳。横石以蜡地而峰峦峭拔者为上，俗言「灵璧无峰」「英石无坡」。以余所见，亦不尽然。他石纹片粗大，绝无曲折、屼嵂、森耸、崚嶒者。近更有以大块辰砂、石青、石绿为研山、盆石，最俗。

【译文】供人观赏的石头，以灵璧石为上，英石次之，但这两种十分稀有，很难买到。大块的尤为难得，高数尺的，便能称得上是奇品了。小的可置于几案之上，色泽如漆，声音如玉石的最佳。横石以质如蜡色、形如峰峦挺拔的为上品，俗话说「灵璧无峰」「英石无坡」。依我所见，也不完全是这样。其他石头纹理粗大，完全没有曲折、峻峭、高耸、突兀之势。近来有人以大块的丹砂、石青、石绿作为砚台、盆石，最为俗气。

## 灵璧

出凤阳府宿州灵璧县，在深山沙土中，掘之乃见，有细白纹如玉，不起岩岫。佳者如卧牛、蟠螭，种种异状，真奇品也。

【译文】灵璧石产自凤阳府宿州的灵璧县，在深山沙土中，只要挖掘就能找到，表面有细白纹理好似玉石，没有孔眼。其中的佳品有类似于卧牛、蟠螭的形状，种种异状，真可谓奇品。

## 英石

出英州倒生岩下，以锯取之，故底平起峰，高有至三尺及寸余者，小斋之前，叠一小山，最为清贵。然道远不易致。

**【译文】**英石产自英州的倒生岩下，因为是从倒生岩上锯下来的，所以底部平整而上部呈峰峦起伏状，高的有三尺长，小的仅有一寸左右，在小的斋舍前面，用英石堆一座小山，最为清贵。但是运输的路途过于遥远，非常不容易。

## 太湖石

石在水中者为贵，岁久为波涛冲击，皆成空石，面面玲珑。在山上者名旱石，枯而不润，赝作弹窝，若历年岁久，斧痕已尽，亦为雅观。吴中所尚假山，皆用此石。又有小石久沉湖中，渔人网得之，与灵璧、英石亦颇相类，第声不清响。

**【译文】**产自水中的太湖石最为珍贵，长年经过波涛的冲击，形成许多孔洞，面面玲珑。产自山上的名为旱石，干燥而不温润，倘若人为开凿一些孔洞，经历日久，人为开凿的痕迹消失，也十分雅观。吴地人所崇尚的假山，都是用太湖石堆砌而成。还有沉入湖中很久的小石，被渔夫捞起，与灵璧石、英石颇为相似，只是声音不清脆。

## 尧峰石

近时始出，苔藓丛生，古朴可爱。以未经采凿，山中甚多，但不玲珑耳。然正以不玲珑，故佳。

【译文】尧峰石是近年才被发现的，石头外表苔藓丛生，显得十分古朴，惹人喜爱。因为未经采凿，所以山中有许多，只是都不精巧玲珑罢了。但是正因为不精巧玲珑，所以才是佳品。

## 昆山石

出昆山马鞍山下，生于山中，掘之乃得，以色白者为贵。有鸡骨片、胡桃块二种，然亦俗尚，非雅物也。间有高七八尺者，置之高大石盆中，亦可。此山皆火石，火气暖，故栽菖蒲等物于上，最茂。惟不可置几案及盆盎中。

【译文】昆山石产自昆山的马鞍山下，在山中只要挖掘就能找到，以色白者为贵。有鸡骨片、胡桃块两种，但都显得十分俗气，并非雅致之物。其中有七八尺高的，放在高大的石盆中，也十分美观。马鞍山上都是火石，火气暖，所以在上面栽种菖蒲等植物，会长得非常茂盛。但这样就不可将石头放在几案及盆盎中了。

## 锦川　将乐　羊肚

石品惟此三种最下，锦川尤恶。每见人家石假山，辄置数峰于上，不知何味？斧劈以大而顽者为雅。若直立一片，亦最可厌。

【译文】锦川石、将乐石、羊肚石这三种石头，在石头品种中是最下等的，其中锦川石尤差。每每见到别人家中的假山顶上，堆砌着数块这样的石头，不知有什么乐趣？假山石以高大而拙朴的石头为雅致，若是直立一片，同样是很难看的。

## 土玛瑙

出山东兖州府沂州，花纹如玛瑙，红多而细润者佳。有红丝石，白地上有赤红纹。有竹叶玛瑙，花斑与竹叶相类，故名。此俱可锯板，嵌几榻屏风之类，非贵品也。石子五色，或大如拳，或小如豆，中有禽、鱼、鸟、兽、人物、方胜、回纹之形，置青绿小盆，或宣窑白盆内，班然可玩，其价甚贵，亦不易得，然斋中不可多置。近见人家环列数盆，竟如贾肆。新都人有名「醉石斋」者，闻其藏石甚富且奇。其地溪涧中，另有纯红、纯绿者，亦可爱玩。

【译文】土玛瑙产自山东兖州府的沂州，花纹如玛瑙，大面积为红色而质地细润者为佳。有一种名为红丝石，白底上有赤红色的花纹。还有一种名为竹叶玛瑙，上面的斑点与竹叶类似，因而得名。这两种都可以锯成薄板，镶嵌在几榻屏风之类的器物上，它们并不是什么名贵的品种。有一种五色的土玛瑙，或大如拳，或小如豆，上面还有禽、鱼、鸟、兽、人物、方胜、回纹之类的形状，将其放在青绿小盆之中，或宣窑白盆之内，色彩斑斓，以供赏玩，但它的价格十分昂贵，也很难得，然而斋舍之中不可过多摆放。近来见到有人在家中摆放数盆土玛瑙，竟如商铺一般。京城中有个叫「醉石斋」的地方，听闻这里收藏的石头种类丰富而且奇异罕见。在沂州的溪流山涧中，还有一种纯红、纯绿的石头，同样惹人喜爱，值得赏玩。

## 大理石

出滇中，白若玉、黑若墨为贵。白微带青，黑微带灰者，皆下品。但得旧石，天成山水云烟，如「米家山」，此为无上佳品。古人以镶屏风，近始作几榻，终为非古。近京口一种，与大理相似，但花色不清，石药填之为山云泉石，亦可得高价。然真伪亦易辨，真者更以旧为贵。

【译文】大理石产自云南，以莹白如玉、黑如墨者为贵。白微带青，黑微带灰的，都是下品。若是能得到一块旧石，上面有自然形成的山水云烟的纹路，如同米芾父子的山水画一般，那就是无上佳品。古人用大理石来镶嵌屏风，近年来才开始用来制作几案卧榻，但终究不是古法。近年来京口有一种石头，与大理石相似，但花色不清，将石药填充在石头里，制作出山云泉石的纹路，同样能以高价卖出。但是真伪能轻易辨别，真品更以旧石为贵。

## 永石

即祁阳石，出楚中。石不坚，色好者有山、水、日、月、人物之象。紫花者稍胜，然多是刀刮成，非自然者，以手摸之，凹凸者可验，大者以制屏亦雅。

**【译文】**永石即祁阳石，产自楚中一带。永石的质地不坚，其中花色好看的有山、水、日、月、人物的形象。紫色花纹的更胜一筹，但大多是用刀刻成的，并不是自然形成的，若是用手触摸，就会发现表面是凹凸不平的，大块的永石可以用来制作屏风，也很雅致。

欽定四庫全書

長物志卷四

明 文震亨 撰

禽魚

語鳥拂閣以低飛游魚排荇而徑度幽人會心輒令竟日忘倦顧聲音顏色飲啄態度遠而巢居穴處眠沙泳浦戲廣浮深近而穿屋賀廈知歲司晨啼春噪晚者品類不可勝紀丹林綠水豈令凡俗之品闌入其中故必疏其雅潔可供清玩者數種令童子愛養餌飼得其性情庶幾馴鳥雀狎鳧魚亦山林之經濟也志禽魚第四

鶴

華亭鶴窠村所出具體高俊綠足龜文最為可愛江陵鶴津維揚俱有之相鶴但取標格奇俊唳聲清亮頸欲

細而長足欲瘦而節身欲人立背欲直削畜之者當築廣臺或高岡土壠之上居以茅菴隣以池沼飼以魚穀欲教以舞俟其飢置食於空野使童子拊掌頓足以誘之習之既熟一聞拊掌即便起舞謂之食化空林别墅白石青松惟此君最宜其餘羽族俱未入品

## 鸂鶒

鸂鶒能勅水故水族不能害畜之者宜於廣池巨浸十數為羣翠毛朱喙燦然水中他如烏喙白鴨亦可畜一二以代鵝羣曲欄垂柳之下游泳可玩

## 鸚鵡

鸚鵡能言然須教以小詩及韻語不可令聞市井鄙俚之談聒然盈耳銅架食缸俱須精巧然此鳥及錦雞孔

雀倒挂吐綬諸種皆斷為閨閣中物非幽人所需也

百舌畫眉鸜鵒

飼養馴熟縣蠻軟語百種雜出俱極可聽然亦非幽齋所宜或於曲廊之下雕籠畫檻點綴景色則可吴中最尚此鳥余謂有禽癖者當覓茂林高樹聽其自然弄聲尤覺可愛更有小鳥名黄頭好鬬形既不雅尤屬無謂

朱魚

朱魚獨盛吴中以色如辰州朱砂故名此種最宜盆蓄有紅而帶黄色者僅可點綴陂池

魚類

初尚純紅純白繼尚金盔金鞍錦被及印頭紅裹頭紅連腮紅首尾紅鶴頂紅繼又尚墨眼雪眼硃眼紫眼瑪

瑙眼琥珀眼金管銀管時尚極以為貴又有堆金砌玉落花流水蓮臺八瓣隔斷紅塵玉帶圍梅花片波浪紋七星紋種種變態難以盡述然亦隨意定名無定式也

### 藍魚白魚

藍如翠白如雪迫而視之腸胃俱見此即朱魚別種亦貴甚

### 魚尾

自二尾以至九尾皆有之第美鍾於尾身材未必佳蓋魚身必洪纖合度骨肉停匀花色鮮明方入格

### 觀魚

宜早起日未出時不論陂池盆盎魚皆蕩漾於清泉碧沼之間又宜涼天夜月倒影插波時時驚鱗潑剌耳目

為醒至如微風披拂琮琮成韻雨過新漲縠紋皺綠皆
觀魚之佳境也

吸水

盆中換水一兩日即底積垢膩宜用湘竹一段作吸水
筒吸去之倘過時不吸色便不鮮美故佳魚池中斷不
可蓄

水缸

有古銅缸大可容二石青綠四裹古人不知何用當是
穴中注油點燈之物今取以蓄魚最古其次以五色内
府官窑瓷州所燒純白者亦可用惟不可用宜興所燒
花缸及七石牛腿諸俗式余所以列此者實以備清玩
一種若必按圖而索亦為板俗

長物志卷四

卷四 禽鱼



语鸟拂阁以低飞，游鱼排荇而径度，幽人会心，辄令竟日忘倦。顾声音颜色，饮啄态度，远而巢居穴处，眠沙泳浦，戏广浮深，近而穿屋贺厦，知岁司晨，啼春噪晚者，品类不可胜纪。丹林绿水，岂令凡俗之品，阑入其中。故必疏其雅洁，可供清玩者数种，令童子爱养饵饲，得其性情，庶几驯鸟雀，狎凫鱼，亦山林之经济也。志《禽鱼第四》。

【译文】鸟儿拂过楼阁低飞，鱼儿穿过荇草畅游，幽居之士能领会其中的美妙意境，终日流连，竟忘却倦怠。观察禽鱼的声音颜色，饮水进食，姿态神情，远处的禽鸟或栖息于巢穴，或生活在沙地水边，或嬉戏于高空，或浮沉于深潭，近处的禽鸟有燕雀、喜鹊、雄鸡、黄莺、乌鸦等，品种繁多，数不胜数。丹红之林、碧青之水，岂能让凡俗之物，擅自闯入其中。因此一定要从中挑选数种雅致的品种，以供赏玩，让童子爱护喂养，了解其性情，能够驯鸟雀，戏鱼鸭，也是隐居之士必备的学识。记《禽鱼第四》。

## 鹤

华亭鹤窠村所出，其体高俊，绿足龟文，最为可爱。江陵鹤泽、维扬俱有之。相鹤但取标格奇俊，唳声清亮，颈欲细而长，足欲瘦而节，身欲人立，背欲直削。蓄之者当筑广台，或高冈土垅之上，居以茅庵，邻以池沼，饲以鱼谷。欲教以舞，俟其饥，置食于空野，使童子拊掌顿足以诱之。习之既熟，一闻拊掌，即便起舞，谓

清·沈铨《松梅双鹤图》

之食化。空林别墅，白石青松，惟此君最宜。其余羽族，俱未入品。

**【译文】**华亭鹤窠村的鹤，体形高俊，绿足龟纹，最是惹人喜爱。江陵、扬州也有鹤。鹤要选风采奇俊，叫声清亮，颈细而长，足瘦而骨节分明，外形挺拔，背部平直的品种。养鹤的人应当修筑广阔的平台，或是在高冈土坡之上，修建草庐作为鹤的巢穴，并且要与水沼、池塘相邻，再用鱼虫、谷物喂养。若是想教鹤起舞，那就要等它们饿的时候，将食物放在空阔的地方，让童子拍手跺脚诱导它们。练熟之后，只要它们一听到有人拍手，就能翩翩起舞，这就是通过饲养来驯化。空林旷野，别墅草庐，白石青松，唯有鹤与这些地方最相称。其余的飞禽，都不入品。

**㶉鶒**

㶉鶒能敕水，故水族不能害，蓄之者，宜于广池巨浸，十数为群，翠毛朱喙，灿然水中。他如乌喙白鸭，亦可蓄一二，以代鹅群，曲栏垂柳之下，游泳可玩。

【译文】㶉鶒熟知水性，所以其他水族不能伤害它，适合养在广池巨泽之中，成群结队，绿毛红喙，浮在水中，颜色艳丽。其他如乌喙白鸭，也可养一两只，以此代替鹅群，曲栏垂柳之下，游泳嬉戏，使人心旷神怡。

**鹦鹉**

鹦鹉能言，然须教以小诗及韵语，不可令闻市井鄙俚之谈，聒然盈耳。铜架、食缸，俱须精巧。然此鸟及锦鸡、孔雀、倒挂、吐绶诸种，皆断为闺阁中物，非幽人所需也。

【译文】鹦鹉能学人言，但须教它短诗以及押韵的词句，不可让它听到市井粗俗之谈，否则耳边都是嘈杂之声。鹦鹉所用的铜架、食缸，都须精巧。但是鹦鹉以及锦鸡、孔雀、倒挂鸟、吐绶鸡等飞禽，都只是闺阁中的玩物，绝非幽居之士所需。

**百舌　画眉　鸜鹆**

饲养驯熟，绵蛮软语，百种杂出，俱极可听，然亦非幽斋所宜。或于曲廊之下，雕笼画槛，点缀景色则可，吴中最尚此鸟。余谓有禽癖者，当觅茂林高树，听其自然弄声，尤觉可爱。更有小鸟名黄头，好斗，形既不雅，尤属无谓。

【译文】将百舌、画眉、鹳鸰这三种鸟完全驯化，它们啼鸣婉转，能发出数百种叫声，都极为悦耳动听，但这几种禽鸟并不适合在幽静之室饲养。或许养在曲廊之下，关在精雕细琢的鸟笼中，周围是绘有图案的栏杆，倒是可以点缀景色，吴中人最爱此鸟。我认为嗜好养鸟的人，应当去寻觅茂林高树，聆听飞鸟自然鸣唱，那才让人喜欢。还有一种鸟名为黄头，生性好斗，形态并不雅观，尤为无趣。

## 朱鱼

朱鱼独盛吴中，以色如辰州朱砂故名。此种最宜盆蓄，有红而带黄色者，仅可点缀陂池。

【译文】朱鱼只在吴中盛行，因外表颜色如同辰州所产的朱砂而得名。此鱼最适合养在盆中，有一种红中带黄的，只能作点缀池塘之用。

## 鱼类

初尚纯红、纯白，继尚金盔、金鞍、锦被，及印头红、裹头红、连腮红、首尾红、鹤顶红，继又尚墨眼、雪眼、朱眼、紫眼、玛瑙眼、琥珀眼、金管、银管，时尚极以为贵。又有堆金砌玉、落花流水、莲台八瓣、隔断红尘、玉带围、梅花片、波浪纹、七星纹种种变态，难以尽述，然亦随意定名，无定式也。

【译文】诸多种类的金鱼，人们最初推崇纯红、纯白色的，后来推崇金盔、金鞍、锦被等品种，以及印头红、裹头红、连腮红、首尾红、鹤顶红等品种，再后来又推崇墨眼、雪眼、朱眼、紫眼、玛瑙眼、琥珀眼、金管、银管等品种，在当时受到推崇的，便认为是极为珍贵的品种。另外还有堆金砌玉、落花流水、莲台八瓣、隔断红尘、玉带围、梅花片、波浪纹、七星纹等诸多不同的品种，难以尽述，但也是随意定名，并无定式。

## 蓝鱼 白鱼

蓝如翠，白如雪，迫而视之，肠胃俱见，此即朱鱼别种，亦贵甚。

【译文】蓝鱼色近青翠，白鱼色白如雪，靠近观察，就连它们的内脏都能看到，这两种都是朱鱼的变种，同样珍贵非常。

## 鱼尾

自二尾以至九尾，皆有之，第美钟于尾，身材未必佳。盖鱼身必洪纤合度，骨肉停匀，花色鲜明，方入格。

【译文】鱼尾的数量，从两尾至九尾都有，但是将优点都集中在尾巴上了，身形就未必好看。所以鱼身应当秾纤合度，骨肉均匀，花色鲜明，方能入品。

## 观鱼

宜早起，日未出时，不论陂池、盆盎，鱼皆荡漾于清泉碧沼之间。又宜凉天夜月，倒影插波，时时惊鳞泼刺，耳目为醒。至如微风披拂，琮琮成韵，雨过新涨，縠纹皱绿，皆观鱼之佳境也。

【译文】观鱼应当早起，要在日出之前，不论是池塘、盆盎，鱼都在清泉碧沼之间畅游。还适合在凉爽的月夜赏鱼，月亮倒影在水中，鱼儿在碧波中任意穿梭，时时跃出水面，令人耳目一新。至于微风拂过，水声潺潺，雨后池涨，碧波荡漾，都是赏鱼的佳境。

## 吸水

盆中换水一两日，即底积垢腻，宜用湘竹一段，作吸水筒吸去之。倘过时不吸，色便不鲜美。故佳鱼，池中断不可蓄。

【译文】盆中新换的水过一两天之后，盆底就会沉积一层污垢，应当用一段湘竹，制成吸水筒，将污垢吸出来。倘若过时不吸，水就会不清澈了。所以上好的鱼，绝对不可养在池中。

## 水缸

有古铜缸，大可容二石，青绿四裹，古人不知何用？当是穴中注油点灯之物，今取以蓄鱼，最古。其次以五色内府、官窑、瓷州所烧纯白者，亦可用。惟不可用宜兴所烧花缸，及七石牛腿诸俗式。余所以列此者，实以备清玩一种，若必按图而索，亦为板俗。

**【译文】**有一种古铜缸，能装下两石水，周身布满青绿，不知古人作何使用？应当是在洞穴中盛油点灯的，如今用它来养鱼，最有古韵。其次五色内府、官窑、瓷州所烧制的纯白色水缸，也可用。唯独不可用宜兴所烧制的花缸，以及七石牛腿缸等粗俗之物。我之所以在此写下这些，只是为了赏玩列举些例子，若是按图索骥，不免过于死板俗套了。

南田客惲壽平寫生

長物志卷五

明 文震亨 撰

## 書畫

金生於山珠產於淵取之不窮猶為天下所珍惜況圖畫在宇宙歲月既久名人藝士不能復生可不珍秘寶愛一入俗子之手動見勞辱卷舒失所操揉燥裂真書畫之厄也故有收藏而未能識鑒識鑒而不善閱玩閱玩而不能裝褫裝褫而不能銓次皆非能真蓄書畫者又蓄聚既多妍蚩混雜甲乙次第毫不可訛若使真贋並陳新舊錯出如入賈胡肆中有何趣味所藏必有晉唐宋元名蹟乃稱博古若徒取近代紙墨較量真偽心無真賞以耳為目手執卷軸口論貴賤真惡道也志書

## 畫第五

### 論書

觀古法書當澄心定慮先觀用筆結體精神照應次觀人為天巧自然强作次考古今跋尾相傳來歷次辨收藏印識紙色絹素或得結構而不得鋒鋩者模本也得筆意而不得位置者臨本也筆勢不聯屬字形如算子者集書也形跡雖存而真彩神氣索然者雙鉤也又古人用墨無論燥潤肥瘦俱透入紙素後人偽作墨浮而易辯

### 論畫

山水第一竹樹蘭石次之人物鳥獸樓殿屋木小者次之大者又次之人物顧盼語言花果迎風帶露鳥獸蟲

魚精神逼真山水林泉清閑幽曠屋廬深邃橋彴往來石老而潤水淡而明山勢崔嵬泉流灑落雲烟出没野逕迂回松偃龍蛇竹藏風雨山腳入水澄清水源来歷分曉有此數端雖不知名定是妙手若人物如尸如塑花果類粉捏雕刻蟲魚鳥獸但取皮毛山水林泉布置廹塞樓閣模糊錯雜橋彴强作斷形徑無夷險路無出入石止一面樹少四枝或高大不稱或遠近不分或濃淡失宜點染無法或山脚無水面水源無來歷雖有名欵定是俗筆為後人填寫至於臨摹鴈手落墨設色自然不古不難辨也

## 書畫價

書價以正書為標準如右軍草書一百字乃敵一行行

書三行行書敵一行正書至於樂毅黃庭畫贊告誓但得成篇不可計以字數畫價亦然山水竹石古名賢象可當正書人物花鳥小者可當行書人物大者及神圖佛象宮室樓閣走獸蟲魚可當草書若夫臺閣標功臣之烈宮殿彰貞節之名妙將入神靈則通聖開廚或失挂壁欲飛但涉奇事異名即為無價國寶又書畫原為雅道一作牛鬼蛇神不可詰識無論古今名手俱落第二

## 古今優劣

書學必以時代為限六朝不及晉魏宋元不及六朝與唐畫則不然佛道人物仕女牛馬近不及古山水林石花竹禽魚古不及近如顧凱之陸探微張僧繇吳道玄及閻立德立本皆純重雅正性出天然周昉韓幹戴嵩

氣韻骨法皆出意表後之學者終莫能及至如李成關仝范寬董源徐熙黃荃居寀二米勝國松雪大癡元鎮叔明諸公近代唐沈及吾家太史和州輩皆不藉師資窮工極致借使二李復生邊鸞再出亦何以措手其間故蓄書必遠求上古蓄畫始自顧陸張吳下至嘉隆名筆皆有奇觀惟近時點染諸公則未敢輕議

## 粉本

古人畫藁謂之粉本前輩多寶蓄之蓋其草草不經意處有自然之妙宣和紹興所藏粉本多有神妙者

## 賞鑒

看書畫如對美人不可毫涉粗浮之氣蓋古畫紙絹皆脆舒卷不得法最易損壞尤不可近風日燈下不可看

畫恐落煤燼及爲燭淚所污飯後醉餘欲觀卷軸須以淨水滌手展玩之際不可以指甲剔損諸如此類不可枚舉然必欲事事勿犯又恐涉强作清態惟遇真能賞鑒及閲古甚富者方可與談若對傖父輩惟有珍秘不出耳

## 絹素

古畫絹色墨氣自有一種古香可愛惟佛像有香烟熏黑多是上下二色僞作者其色黄而不精采古絹自然破者必有鯽魚口須連三四絲僞作則直裂唐絹絲粗而厚或有搗熟者有獨梭絹闊四尺餘者五代絹極粗如布宋有院絹匀淨厚密亦有獨梭絹闊五尺餘細密如紙者元絹及國朝内府絹俱與宋絹同勝國時有密

機絹松雪子昭畫多用此蓋出嘉興府宓家以絹得名
令此地尚有佳者近董太史筆多用砑光白綾未免有
進賢氣

## 御府書畫

宗徽宗御府所藏書畫俱是御書標題後用宣和年號
玉瓢御寶記之題畫書於引首一條潤僅指大傍有木
印黑字一行俱裝池匠花押名欵然亦真偽相雜蓋當
時名手臨摹之作皆題為真蹟至明昌所題更多然今
人得之亦可謂買王得羊矣

## 院畫

宗畫院衆工凡作一畫必先呈稿本然後上真所畫山
水人物花木鳥獸皆是無名者今國朝内畫水陸及佛

像亦然金碧輝爍亦奇物也今人見無名人畫輒以形似塡寫名款覓高價如見牛必戴嵩見馬必韓幹之類皆為可笑

## 单條

宋元古畫斷無此式盖今時俗制而人絕好之齋中懸挂俗氣逼人眉睫即果真蹟亦當減價

## 名家

書畫名家收藏不可錯雜大者懸挂齋壁小者則為卷冊置几案間邃古篆籀如鍾張衛索顧陸張吳及歷代不甚著名者不能具論書則右軍大令智永虞永興褚河南歐陽率更唐玄宗懷素顏魯公柳誠懸張長史李懷琳宋高宗李建中二蘇二米范文正黃魯直蔡忠惠

蘇滄浪薛紹彭黄長睿薛道祖范文穆張即之先信國
趙吳興鮮于伯機康里子山張伯雨倪元鎮俞紫芝楊
鐵厓柯丹丘袁清容危太素我朝則宋文憲濂中書舍
人燧方遜志孝孺宋南宮克沈學士度俞紫芝和徐武
功有貞金元玉珏沈大理粲解學士大紳錢文通溥桑柳
州悅祝京兆允明吳文定寬先太史諱王太學寵李太
僕應禎王文恪鏊唐解元寅顧尚書璘豐考功坊先兩
博士諱王吏部穀祥陸文裕深彭孔嘉年陸尚寶師道
陳方伯鎏蔡孔目羽陳山人淳張孝廉鳳翼王徵君穉
登周山人天球邢侍御侗董太史其昌又如陳文東璧
姜中書立剛雖不能洗院氣而亦錚錚有名者畫則王
右丞李思訓父子周昉董北海李營丘郭河陽米南宮

宋徽宗米元暉崔白黄筌居寀文與可李伯時郭忠恕
董仲翔蘇文忠蘇叔黨王晉卿張舜民楊補之楊季衡
陳容李唐馬遠馬逵夏珪范寬關仝荆浩李山趙松雪
管仲姬趙仲穆趙千里李息齋吴仲圭錢舜舉盛子昭
陳珏陳仲美陸天游曹雲西唐子華王元章高士安高
克恭王叔明黄子久倪元鎮柯丹丘方方壺戴文進王
孟端夏太常趙善長陳惟允徐幼文張來儀宋南宫周
東村沈貞吉恒吉沈石田杜東原劉完菴先太史先和
州五峯唐解元張夢晉周官謝時臣陳道復仇十洲錢
叔寶陸叔平皆名筆不可缺者他非所宜蓄即有之亦
不當出以示人又如鄭顛仙張復陽鍾欽禮蔣三松張
平山汪海雲皆畫中邪學尤非所尚

## 宋綉宋刻絲

宋繡針線細密設色精妙光彩射目山水分遠近之趣樓閣得深邃之體人物具瞻眺生動之情花鳥極綽約嚵唼之態不可不蓄一二幅以備畫中一種

## 裝潢

裝潢書畫秋為上時春為中時夏為下時暑濕及沍寒俱不可裝裱勿以熟紙背必皺起宜用白滑漫薄大幅生紙紙縫先避人面及接處若縫縫相接則卷舒緩急有損必令參差其縫則氣力均平太硬則强急太薄則失力絹素彩色重者不可擣理古畫有積年塵埃用皂莢清水數宿托於太平案扞去畫復鮮明色亦不落補綴之法以油紙襯之直其邊際密其隟縫正其經緯就

其形制拾其遺脫厚薄均調潤潔平穩又凡書畫法帖不脫落不宜數裝背一裝背則一損精神古紙厚者必不可揭薄

法糊

用瓦盆盛水以麵一斤滲水上任其浮沉夏五日冬十日以臭為度後用清水蘸白芨半兩白礬三分去滓和元浸麪打成就鍋内打成團另換水煮熟去水傾置一器候冷日換水浸臨用以湯調開忌用濃糊及敝帚

裱褙定式

上下天地須用皂綾龍鳳雲鶴等樣不可用團花及葱白月白二色二垂帶用白綾濶一寸許烏絲粗界畫二條玉池白綾亦用前花樣書畫小者須空嵌用淡月白

畫絹上嵌金黃綾條濶半寸許蓋宣和裱法用以題識旁用沉香皮條邊大者四面用白綾或单用皮條邊亦可參書有舊人題跋不宜剪削無題跋則斷不可用畫卷有高頭者不須嵌不則亦以細畫絹空嵌引首須用宋經箋白宋箋及宋元金花箋或高麗繭紙日本畫紙俱可大幅上引首五寸下引首四寸小全幅上引首四寸下引首三寸上裱除擫竹外淨二尺下裱除軸淨一尺五寸横卷長二尺者引首濶五寸前裱濶一尺餘俱以是為率

## 裱軸

古人有鏤沉檀為軸身以果金鎏金白玉水晶琥珀瑪瑙雜寶為飾貴重可觀蓋白檀香潔去蟲取以為身鼠

有深意今既不能如舊製只以杉木為身用犀象角三種雕如舊式不可用紫檀花梨法藍諸俗製畫卷須出軸形製既小不妨以寶玉為之斷不可用平軸籤以犀玉為之曾見宋玉籤半嵌錦帶內者最奇

## 裱錦

古有樗蒲錦樓閣錦紫駝花鸞章錦朱雀錦鳳皇錦走龍錦翻鴻錦皆御府中物有海馬錦龜紋錦粟地錦皮毬錦皆宣和綾及宋繡花鳥山水為裝池卷首最古今所尚落花流水錦亦可用惟不可用宋段及紵絹等物帶用錦帶亦有宋織者

## 藏畫

以杉楸木為匣匣內切勿油漆糊紙恐惹黴濕四五月

先將畫幅幅展看微見日色收起入匣去地丈餘庶免
濈白平時張挂須三五日一易則不厭觀不惹塵濕收
起時先拂去兩面塵垢則質地不損

小畫匣

短軸作橫面開門匣畫直放入軸頭貼籤標寫某書某
畫甚便取看

捲畫

須顧邊齊不宜局促不可太寬不可着力捲緊恐急裂
絹素拭抹用軟絹細細拂之不可以手托起畫軸就觀
多致損裂

法帖

歷代名家碑刻當以淳化閣帖壓卷侍書王著勒未有

篆題者是蔡京奉旨摹者曰太清樓帖僧希白所摹者曰潭帖尚書郎潘思旦所摹者曰絳帖王寀輔道守汝州所刻者曰汝帖宗許提舉刻于臨江者曰二王帖元祐中刻者曰祕閣續帖淳熙年刻者曰修内司本高宗訪求遺書於淳熙閣摹刻者曰淳熙祕閣續帖后主命徐鉉勒石在淳化之前者曰昇元帖劉次莊摹閣帖除去篆題年月而增入釋文者曰戲魚堂帖武岡軍重摹絳帖曰武岡帖上蔡人臨摹絳帖曰蔡州帖趙彥約于南康所刻曰星鳳樓帖廬江李氏刻曰甲秀堂帖黔人秦世章所刻曰黔江帖泉州重摹閣帖曰泉帖韓平原所刻曰羣玉堂帖薛紹彭所刻曰家塾帖曹之格日新所刻曰寶晉齋帖王庭筠所刻曰雪谿堂帖周府所刻

曰東書堂帖吾家所刻曰停雲館帖小停雲帖華氏刻
曰真賞齋帖皆帖中名刻摹勒皆精又如歷代名帖收
藏不可缺者周秦漢則史籀篆石鼓文壇山石刻李斯
篆泰山朐山嶧山諸碑秦誓詛楚文章帝艸書帖蔡邕
淳于長夏承碑郭有道碑九疑山碑邊韶碑宣父碑北
岳碑崔子玉張平子墓碑郭香察隸西岳華山碑魏帖
則元常賀捷表大饗碑薦季直表受禪碑上尊號碑宗
聖侯碑劉玄州華岳碑吳帖則國山碑延陵季子二碑
晉帖則蘭亭記筆陣圖黃庭經聖教序樂毅論周府君
碑東方朔贊洛神賦曹娥碑告墓文攝山寺碑裴雄碑
興福寺碑宣示帖平西將軍墓銘梁思楚碑羊祜峴山
碑宋齊梁陳帖則宋文帝神道碑齊倪桂金庭觀碑齊

南陽寺隸書碑　梁茅君碑　瘞鶴銘　劉靈正隄淚碑　魏齊
周帖　則有魏裴思順教戒經　北齊王思誠八分茅山碑
後周大宗伯唐景碑　蕭子雲章州出師頌　天柱山銘　隋
帖　則有開皇蘭亭　薛道衡書朱敞碑　舍利塔　龍藏寺
碑　智永真行二體千文　草書蘭亭　唐帖　歐書則九成宮
銘　房定公墓碑　化度寺碑　皇甫君碑　虞恭公碑　真書千
文　小楷心經　夢奠帖　金蘭帖　虞書則夫子廟堂碑　破邪
論　寶曇塔銘　陰聖道場碑　汝南公主銘　孟法師碑　褚書
則樂毅論　哀册文　忠臣像贊　龍馬圖贊　臨摹蘭亭　臨
摹聖教　陰符經　度人經　紫陽觀碑　柳書則金剛經　玄秘塔
銘　顏書則爭坐位帖　麻姑仙壇　二祭文　家廟碑　元次山
碑　多寶寺碑　放生池碑　射堂記　北岳廟碑　州書千文　磨

崖碑千禄字帖懷素書則自序三種艸書千文聖母帖藏真律公二帖李北海書則陰符經娑羅樹碑曹娥碑秦望山碑臧懷恪碑有道先生葉公碑岳麓寺碑開元寺碑荆門行雲麾將軍碑李思訓碑戒壇碑太宗書魏徵碑屏風帖李勣碑玄宗一行禪師塔銘孝經金仙公主碑孫過庭書譜索靖出師表柳公綽諸葛廟堂碑李陽冰篆書千文城隍廟碑孔子廟碑歐陽通道因禪師碑薛稷昇仙太子碑張旭艸書千文僧行敦遺教經宋則蘇米諸公如洋州園池天馬賦等類元則趙松雪國朝則二宋諸公所書佳者亦當兼收以供賞鑒不必太雜

古之北紙其紋橫質鬆而厚不受墨北墨色青而淺不和油蠟故色澹而紋皺謂之蟬翅搨南紙其紋竪用油蠟故色純黑而有浮光謂之烏金搨

## 古今帖辨

古帖歷年久而裱數多其墨濃者堅若生漆紙面光彩如砑並無沁墨水跡侵染且有一種異馨發自紙墨之外

## 裱帖

古帖宜以文木薄一分許為板面上刻碑額卷數次則用厚紙五分許以古色錦或青花白地錦為面不可用綾及雜彩色更須製匣以藏之宜少方濶不可狹長濶狹不等以白鹿紙廂邊不可用絹十冊為匣大小如一

式乃佳

宋板

藏書貴宋刻大都書寫肥瘦有則佳者有歐柳筆法紙質匀潔墨色清潤至於格用單邊字多諱筆雖辨証之一端然非考據要訣也書以班范二書左傳國語老莊史記文選諸子為第一名家詩文雜記道釋等書次之紙白板新綿紙者為上竹紙活襯者亦可觀糊背批點不蓄可也

懸畫月令

歲朝宜宋畫福神及古名賢像元宵前後宜看燈傀儡正二月宜春遊仕女梅杏山茶玉蘭桃李之屬三月三日宜宋畫真武像清明前後宜牡丹芍藥四月八日宜

宋元人畫佛及宋繡佛像十四宜宋畫純陽像端五宜真人玉符及宋元名筆端陽景龍舟艾虎五毒之類六月宜宋元大樓閣大幅山水蒙密樹石大幅雲山採蓮避暑等圖七夕宜穿鍼乞巧天孫織女樓閣芭蕉仕女等圖八月宜古桂或天香書屋等圖九十月宜菊花芙蓉秋江秋山楓林等圖十一月宜雪景蠟梅水仙醉楊妃等圖十二月宜鍾馗迎福驅魅嫁魅臘月廿五宜玉帝五色雲車等圖至如移家則有葛仙移居等圖稱壽則有院畫壽星王母等圖祈晴則有東君祈雨則有古畫風雨神龍春雷起蟄等圖立春則有東皇太乙等圖皆隨時懸挂以見歲時節序若大幅神圖及杏花燕子紙帳梅過墻梅松柏鶴鹿壽意之類一落俗套斷不宜

懸至如宋元小景枯木竹石四幅大景又不當以時序論也

金生于山，珠产于渊，取之不穷，犹为天下所珍惜。况书画在宇宙，岁月既久，名人艺士，不能复生，可不珍秘宝爱？一入俗子之手，动见劳辱，卷舒失所，操揉燥裂，真书画之厄也。故有收藏而未能识鉴，识鉴而不善阅玩，阅玩而不能装褫，装褫而不能铨次，皆非能真蓄书画者。又蓄聚既多，妍蚩混杂，甲乙次第，毫不可讹。若使真赝并陈，新旧错出，如入贾胡肆中，有何趣味！所藏必有晋、唐、宋、元名迹，乃称博古，若徒取近代纸墨，较量真伪，心无真赏，以耳为目，手执卷轴，口论贵贱，真恶道也。志《书画第五》。

**【译文】**黄金生于深山，珍珠产于潭渊，虽然取之不尽，仍为天下珍惜。更何况书画存世，经历了漫长的岁月，名人艺士，不能复生，对待书画，怎能不珍藏爱惜呢？一旦落入俗人之手，动辄频繁拿取，随意开合，卷页不整，把揉摩擦，干燥开裂，简直就是书画的厄运。故而有善于收藏而不擅长鉴别的，有擅长鉴别而不善于赏玩的，有善于赏玩而不会装裱的，有会装裱而不会辨别等次的，这些都不是真正收藏书画的人。再者收藏大量的书画之后，则会优劣混杂，所以书画的等次顺序，丝毫不可出错。倘若真假并列，新旧错乱，那就如同进入了胡人开的古玩店中，有何趣味！收藏的书画一定要有晋、唐、宋、元时的名品真迹，才能称得上博古，若是只搜集近代纸墨，沉迷于较量真伪，无心鉴赏，以耳为目，手执卷轴，侈谈贵贱，实在是收藏中的陋习。记《书画第五》。

## 论书

观古法书，当澄心定虑，先观用笔结体，精神照应；次观人为天巧，自然强作；次考古今跋尾，相传来历；次辨收藏印识、纸色、绢素。或得结构而不得锋芒者，模本也；得笔意而不得位置者，临本也；笔势不联属，字形如算子者，集书也；形迹虽存，而真彩神气索然者，双钩也。又古人用墨，无论燥润肥瘦，俱透入纸素，后人伪作，墨浮而易辩。

**【译文】**鉴赏古代的书法，应当静心定神，先观察用笔结体，意境照应；其次观察人为还是天成，自然还是强作；再次观察文末署名，相传来历；再次辨别收藏者的印识、纸色、绢素。有的虽有结构却没有锋芒，这是模本；有的虽有意境却位置不当，是临本；有的笔势不连贯，字如算盘珠，是集书；有的虽有外形，但毫无内在精神气韵，这是双钩。而且古人用墨，无论燥润肥瘦，都力透纸背，后人的伪作，墨迹浮于表面，很容易辨别。

## 论画

山水第一，竹、树、兰、石次之，人物、鸟兽、

楼殿、屋木小者次之，大者又次之。人物顾盼语言，花、果迎风带露，鸟兽虫鱼，精神逼真，山水林泉，清闲幽旷，屋庐深邃，桥彴往来，石老而润，水淡而明，山势崔嵬，泉流洒落，云烟出没，野径迂回，松偃龙蛇，竹藏风雨，山脚入水澄清，水源来历分晓，有此数端，虽不知名，定是妙手。若人物如尸如塑，花果类粉捏雕刻，虫鱼鸟兽，但取皮毛，山水林泉，布置迫塞，楼阁模糊错杂，桥彴强作断形，径无夷险，路无出入，石止一面，树少四枝，或高大不称，或远近不分，或浓淡失宜，点染无法，或山脚无水面，水源无来历，虽有名款，定是俗笔，为后人填写。至于临摹赝手，落墨设色，自然不古，不难辨也。

**【译文】**画则以山水为第一，其次是竹、树、兰、石；人物、鸟兽、楼殿、屋木画中篇幅小的次之，而篇幅较大的再次一等。人物生动形象，花、果迎风带露，鸟兽虫鱼，活灵活现，山水林泉，清静旷远，屋庐幽深，小桥横渡，石老而润，水清而明，山势高耸，泉流洒落，云烟缥缈，野径迂回，古松斜卧，竹藏风雨，山脚水流清澈，水源来历分明，一幅画若能做到这几点，即便不知名，那也定是妙手所绘。若是人物如死尸泥塑，花果似面塑雕

刻，虫鱼鸟兽，只取形似，山水林泉，布局拥挤，楼阁模糊错杂，小桥故作断形，小路没有平坦崎岖之分，大道没有出入踪迹之别，石头只画一面，树木缺少枝叶，或高大不称，或远近不分，或浓淡失宜，点染无法，或山脚无水面，水源无来历，即便有名人落款，那也定是庸俗之作，是后人在上面补充填绘而成。至于由赝手所临摹的画作，落墨用色，自然没有古韵，不难分辨。

## 书画价

书价以正书为标准，如右军草书一百字，乃敌一行行书，三行行书，敌一行正书。至于《乐毅》《黄庭》《画赞》《告誓》，但得成篇，不可计以字数。画价亦然，山水竹石，古名贤象，可当正书。人物花鸟，小者可当行书，人物大者，及神图佛象、宫室楼阁、走兽虫鱼，可当草书。若夫台阁标功臣之烈，宫殿彰贞节之名，妙将入神，灵则通圣，开厨或失、挂壁欲飞，但涉奇事异名，即为无价国宝，又书画原为雅道，一作牛鬼蛇神，不可诘识，无论古今名手，俱落第二。

**【译文】**书法作品的价格以楷书为标准，比如王羲之的草书一百字，相当于一行行书，三行行书，相当于一行楷书。至于《乐毅》《黄庭》《画赞》《告誓》，只要成篇的作品，就不可按照字数来算。画的价格也是一样的，山水竹石，古时著名贤士的画像，可与楷书相当。人物花鸟，篇幅小的可相当于行书，篇幅大的人物画像，以及神图佛像、宫室楼阁、走兽虫鱼，可相当于草书。至于绘制在台阁中的文武功臣画像，绘制在宫殿中的贞女节烈画像，惟妙惟肖，出神入化，打开橱柜即消失，挂在墙壁会飞走，一旦涉及奇闻轶事的画作，即是无价国宝。再者书画本是风雅之事，但凡涉及虚幻怪诞，无所依据，那么无论古今名

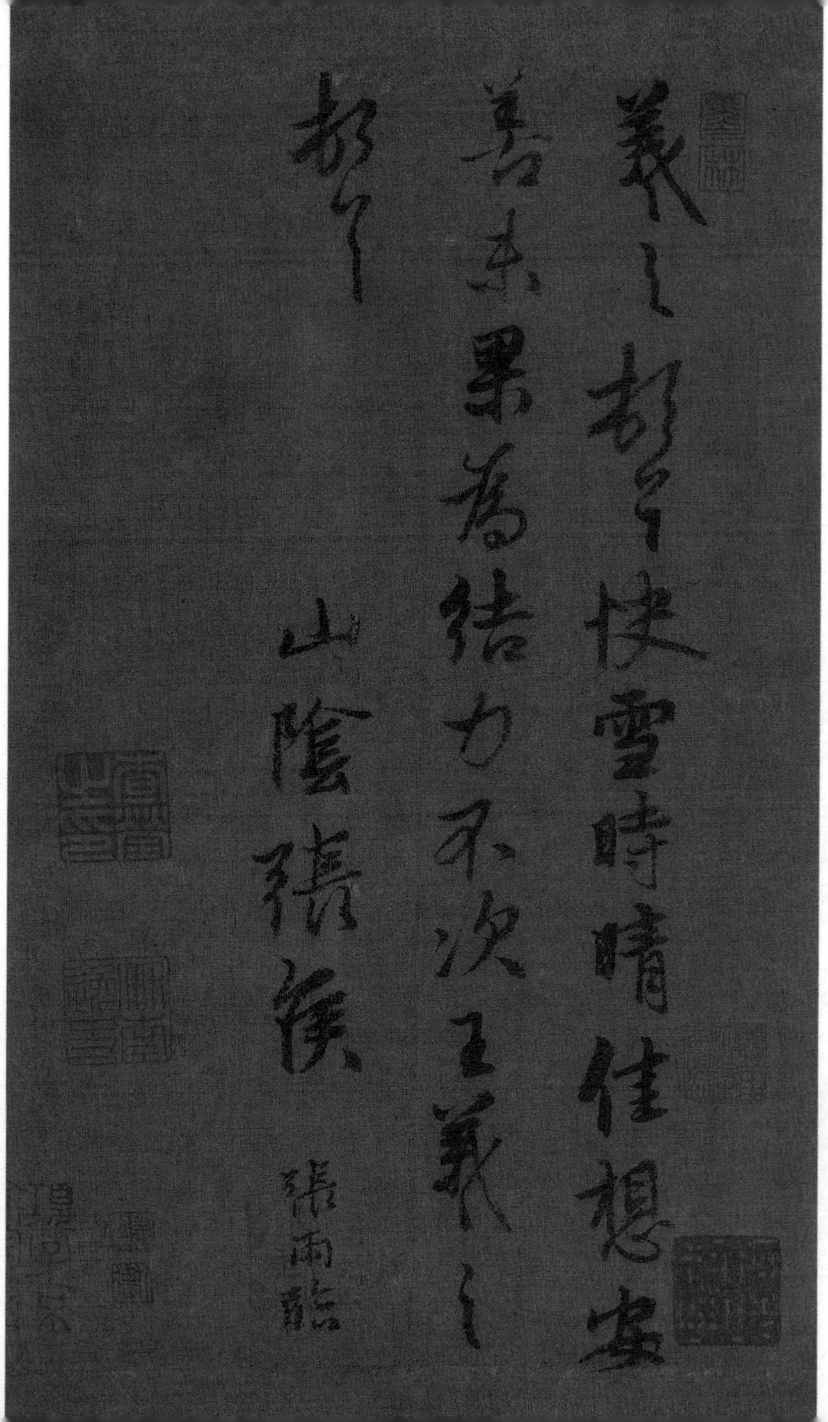
羲之頓首快雪時晴佳想安
善未果為結力不次王羲之
頓首
山陰張侯

东晋·王羲之《快雪时晴帖》

家，都会降低一等。

## 古今优劣

书学必以时代为限，六朝不及晋魏，宋元不及六朝与唐。画则不然，佛道、人物、仕女、牛马，近不及古；山水、林石、花竹、禽鱼，古不及近。如顾恺之、陆探微、张僧繇、吴道玄及阎立德、立本，皆纯重雅正，性出天然；周昉、韩干、戴嵩，气韵骨法，皆出意表，后之学者，终莫能及。至如李成、关仝、范宽、董源、徐熙、黄荃、居寀、二米，胜国松雪、大痴、元镇、叔明诸公，近代唐、沈及吾家太史、和州辈，皆不藉师资，穷工极致。借使二李复生，边鸾再出，亦何以措手其间。故蓄书必远求上古，蓄画始自顾、陆、张、吴，下至嘉隆名笔，皆有奇观，惟近时点染诸公，则未敢轻议。

**【译文】**书法的优劣应以时代为准，六朝不及魏晋，宋、元不及六朝与唐朝。画作则不一样，佛道、人物、仕女、牛马，近代不如古代；山水、林石、花竹、禽鱼，古代不如近代。譬如顾恺之、陆探微、张僧繇、吴道玄及阎立德、阎立本的画作，都是厚重雅正，质朴自然；周昉、韩干、戴嵩的画作，气韵骨法，都出乎意料，后世学者，始终无人能及。再譬如李成、关仝、范宽、董源、徐熙、黄荃、居寀、米芾父子，元朝的赵孟頫、黄公望、倪瓒、王蒙诸公，近代的唐寅、沈周、文徵明、文嘉等人，都不曾有老师教导，而画艺就已登峰造极。就算是唐朝的李思训父子复活，边鸾再生，也无法与他们比肩。所以收藏书法应当找寻上古时期的作品，收藏画作则应当从顾恺之、陆探微、张僧繇、吴道子开始，直至嘉靖、隆庆年间的名家，都有很多绝世佳作。只是如今的书画家，我不敢轻易评论。

## 粉本

古人画稿，谓之粉本，前辈多宝蓄之，盖其草草不经意处，有自然之妙，宣和、绍兴所藏粉本，多有神妙者。

**【译文】**古人的画稿，称为粉本，前人都喜欢珍藏，因为是在不经意间勾画而成，往往有自然率性之美，宋徽宗宣和及宋高宗绍兴年间的粉本，有许多神妙之作。

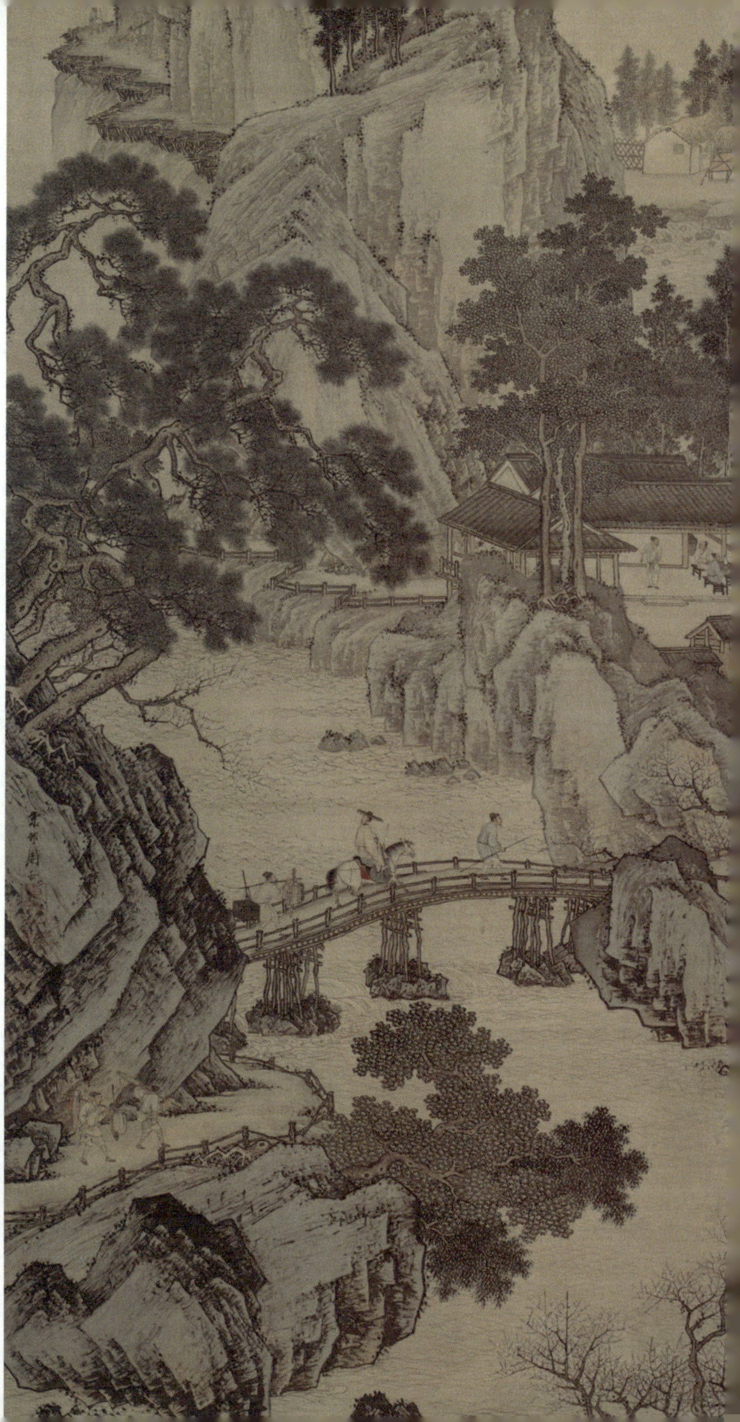

明·周臣《春山游骑图》

## 赏鉴

看书画如对美人，不可毫涉粗浮之气，盖古画纸绢皆脆，舒卷不得法，最易损坏，尤不可近风日，灯下不可看画，恐落煤烬，及为烛泪所污。饭后醉余，欲观卷轴，须以净水涤手；展玩之际，不可以指甲剔损。诸如此类，不可枚举。然必欲事事勿犯，又恐涉强作清态，惟遇真能赏鉴，及阅古甚富者，方可与谈，若对伧父辈，惟有珍秘不出耳。

【译文】赏鉴书画犹如面对美人，不可有丝毫粗浮之气，因为古画的纸绢都很脆，开合不当，极易损坏，特别是不可风吹日晒，灯下也不可看画，恐会落上烟灰、蜡油而有所污损。酒余饭后，若要观赏卷轴，须先洗净双手；展玩之际，不能用指甲抠刮。诸如此类，不能尽述。然而必须要处处小心，事事防范，还要提防那些故作风雅之辈，唯有遇到真正懂得赏鉴以及博通古书古画的人，方可与之交谈，若是遇到粗俗鄙贱之辈，只能秘密珍藏，不可现世。

## 绢素

古画绢色墨气，自有一种古香可爱，惟佛像有香烟熏黑，多是上下二色，伪作者，其色黄而不精采。古绢，自然破者，必有鲫鱼口，须连三四丝，伪作则直裂。唐绢丝粗而厚，或有捣熟者，有独梭绢，阔四尺余者。五代绢极粗如布。宋有院绢，匀净厚密，亦有独梭绢，阔五尺余，细密如纸者。元绢及国朝内府绢俱与宋绢同。胜国时有宓机绢，松雪、子昭画多用此，盖出嘉兴府宓家，以绢得名，今此地

明·董其昌《秋兴八景图册》

尚有佳者。近董太史笔，多用研光白绫，未免有进贤气。

【译文】古画的绢色、用墨，自有一种古香，惹人喜爱，唯独佛像因为燃香而被熏黑，大多呈现出上下两种颜色，伪造的古画，颜色虽发黄但没有神韵。自然破损的古绢，必会有参差不齐的裂口，裂口处必会有少许丝线相连，而伪造的古绢则裂口整齐。唐朝的绢，丝线粗而绢帛厚，有的是捣熟绢，有的是独梭绢，宽有四尺左右。五代的绢，粗糙如布。宋朝有画院绢，匀称洁净，细密厚实，也有独梭绢，宽有五尺左右，细密如纸。元朝的绢和本朝内府制作的绢，与宋绢一样。元朝时还有宓机绢，赵孟頫、盛懋的画多用此绢，因为此绢由嘉兴府宓家所制，因此得名，如今当地依旧出产上好的绢。近代的董其昌，多用磨光的白绫作画，未免有些士大夫气。

## 御府书画

宋徽宗御府所藏书画，俱是御书标题，后用宣和年号，「玉瓢御宝」记之。题画书于引首一条，阔仅指大，傍有木印黑字一行，俱装池匠花押名款，然亦真伪相杂，盖当时名手临摹之作，皆题为真迹。至明昌所题更多，然今人得之，亦可谓买王得羊矣。

【译文】宋徽宗时宫中收藏的书画，都是由宋徽宗亲笔题记，后面加上宣和年号，盖上玉制瓢形御印。题记在书画的引首上，仅有一指宽，旁边有一行木印黑字，这些都是装裱工匠的签名或标记，但同样真伪相杂，因为当时有高手临摹名家的作品，都题为真迹。到了明昌年间，伪作题为真作的更多了，但是今人若是得到这些伪作，也算是买王得羊了。

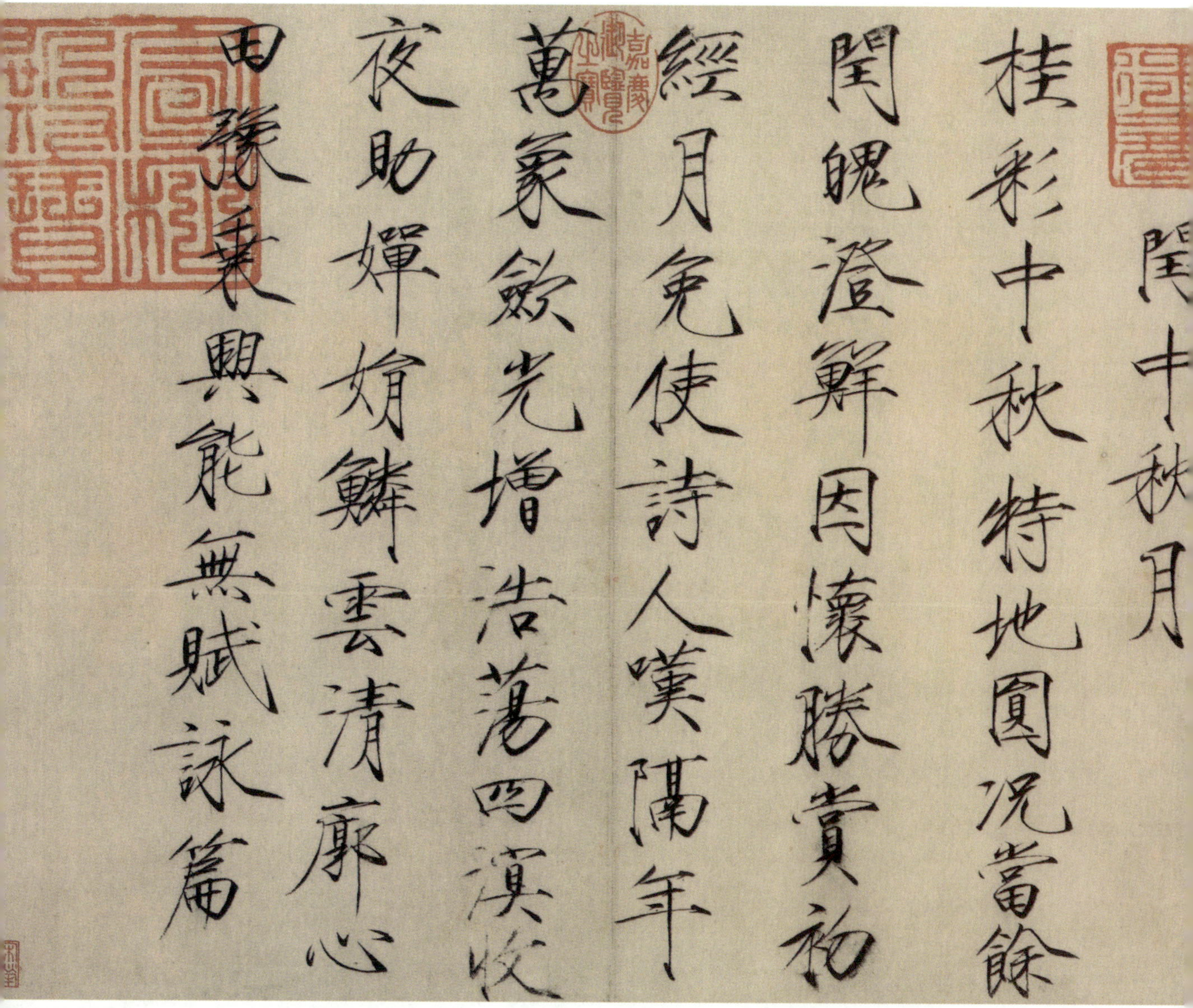
閏中秋月
桂彩中秋特地圓況當餘
閏魄澄鮮因懷勝賞初
經月免使詩人嘆隔年
萬象斂光增浩蕩四溟收
夜助嬋娟鱗雲清廓心
田豫乘興能無賦詠篇

宋徽宗《闰中秋月帖》

## 院画

宋画院众工，凡作一画，必先呈稿本，然后上真，所画山水、人物、花木、鸟兽，皆是无名者。今国朝内画水陆及佛像亦然，金碧辉灿，亦奇物也。今人见无名人画，辄以形似，填写名款，觅高价，如见牛必戴嵩，见马必韩干之类，皆为可笑。

【译文】宋朝画院的画工，每作一画，必先呈上草稿，然后用墨着色，所画山水、人物、花木、鸟兽，都不是名家所作。如今本朝宫廷所画的僧侣、鬼神及佛像也是一样的，虽为无名之作，但是金碧辉煌，灿烂夺目，也算是奇物。今人见到非名家的画作，就依照所画的内容，填写名家题款，以此求得高价，譬如见到画牛之作就题名为戴嵩，画马之作就题名为韩干等，诸如此类，都十分可笑。

## 单条

宋元古画，断无此式，盖今时俗制，而人绝好之。斋中悬挂，俗气逼人眉睫，即果真迹，亦当减价。

【译文】宋元古画，绝对没有条幅这种式样，只因当下时兴，所以世人格外喜爱。单条式样的书画挂在斋舍之中，俗气逼人，就算是真迹，其价值也要大打折扣。

## 名家

书画名家，收藏不可错杂，大者悬挂斋壁，小者则为卷册，置几案间，邃古篆籀，如锺、张、卫、索、顾、陆、张、吴，及历代不甚著名者，不能具论。书则右军、大令、智永、虞永兴、褚河南、欧阳率更、唐玄宗、怀素、颜鲁公、柳诚悬、张长史、李怀琳、宋高宗、李建中、二苏、二米、范文正、黄鲁直、蔡忠惠、苏沧浪、黄长睿、薛道祖、范文穆、张即之、先信国、赵吴兴、鲜于伯机、康里子山、张伯雨、倪元镇、杨铁崖、柯丹丘、袁清容、危太素。我朝则宋文宪濂、中书舍人燧、方逊志孝孺、宋南宫克、沈学士度、俞紫芝和、徐武功有贞、金元玉琮、沈大理粲、解学士大绅，钱文通溥、桑柳州悦、祝京兆允明、吴文定宽、先太史讳徵明、王太学宠、李太仆应祯、王文恪鏊、唐解元寅、顾尚书璘、丰考功坊、先两博士讳彭嘉、王吏部穀祥、陆文裕深、彭孔嘉年、陆尚宝师道、陈方伯鎏、蔡孔目羽、陈山人淳、张孝廉凤翼、王徵君穉登、周山人天球、邢侍御侗、董太史其昌。又如陈文东璧、姜中书立纲，虽不能洗院气，而亦铮铮有名者。画则王右丞、李思训父子、周昉、董北苑、李营邱、郭河阳、米南宫、宋徽宗、米元晖、崔白、黄筌、居寀、文与可、李伯时、郭忠恕、董仲翔、苏文忠、苏叔党、王晋卿、张舜民、杨补之、杨季衡、陈容、李唐、马远、马逵、夏珪、范宽、关仝、荆浩、李山、赵松雪、管仲姬、赵仲穆、赵千里、李息斋、吴仲圭、钱舜举、盛子昭、陈珏、陈仲美、陆天游、曹云西、唐子华、王元章、高士安、高克恭、王叔明、黄子久、倪元镇、柯丹丘、方方壶、戴文进、王孟端、夏太常、赵善长、陈惟允、徐幼文、张来仪、宋南宫、周东村、沈贞吉、恒吉、沈石田、杜东原、刘完庵、先太史、先和州、五峰、唐解元、张梦晋、周官、谢时臣、陈道复、仇十洲、钱叔宝、陆叔平，皆名笔不可缺者。他非所宜蓄，即有之，亦不当出以示人。又如郑颠仙、张复阳、锺钦礼、蒋三松、张平山、汪海云，皆画中邪学，尤非所尚。

**【译文】**名家的书画，收藏不可过于繁杂，大幅的悬挂于斋舍墙壁，小幅的汇集编订为卷册，置于几案间。远古的篆文和籀文，名家有锺繇、张芝、卫瓘、索靖、顾恺之、陆探微、张僧繇、吴道子，以及历代不甚著名者，不可尽述。历代书法名家有：王羲之、王献之、智永和尚、虞世南、褚遂良、欧阳询、唐明皇、怀素和尚、颜真卿、柳公权、张旭、李怀琳、宋高宗、李建中、苏轼、苏辙、米芾、米友仁、范仲淹、黄庭坚、蔡襄、苏舜钦、黄伯思、薛绍彭、范成大、张即之、文天祥、赵孟頫、鲜于枢、康里巎巎、张雨、倪瓒、杨维桢、柯九思、袁桷、危素。明朝有宋濂、宋璲、方孝孺、宋克、沈度、俞和、徐有贞、金琮、沈粲、解缙、钱溥、桑悦、祝允明、吴宽、文徵明、王宠、李应祯、王鏊、唐寅、顾璘、丰坊、文彭、文嘉、王穀祥、陆深、彭年、陆师道、陈鎏、蔡羽、陈淳、张凤翼、王穉登、周天球、邢侗、董其昌。再者如陈壁、姜立纲，虽然不能除去画院之气，但也是名声显赫的书画家。历代的绘画名家有：王维、李思训、李昭道、周昉、董源、李成、郭熙、米芾、宋徽宗、米友仁、崔白、黄筌、黄居寀、文同、李公麟、郭忠恕、董羽、苏轼、苏过、王诜、张舜民、杨无咎、杨季衡、陈容、李唐、马远、马逵、夏珪、范宽、关仝、荆浩、李山、赵孟頫、管道昇、赵雍、赵伯驹、李衎、吴镇、钱选、盛懋、陈珏、陈琳、陆广、曹知白、唐棣、王冕、高士安、高克恭、王蒙、黄公望、倪瓒、柯九思、方从义、戴进、王绂、夏㫤、赵原、陈汝言、徐贲、张羽、宋克、周臣、沈贞吉、沈恒吉、沈周、杜琼、刘珏、文徵明、文嘉、文伯仁、唐寅、张灵、周官、谢时臣、陈淳、仇英、钱榖、陆治，对于收藏而言，他们都是不可缺少的名家。其他的不适合收藏，即便收藏了，也不适合拿出来示人。再者如郑颠仙、张复、锺礼、蒋三松、张路、汪海云，都是不走正道的画家，尤其不可推崇。

## 宋绣　宋刻丝

宋绣，针线细密，设色精妙，光彩射目，山水分远近之趣，楼阁得深邃之体，人物具瞻眺生动之情，花鸟极绰约嚵唼之态，不可不蓄一、二幅，以备画中一种。

【译文】宋朝的刺绣，针线细密，用色精妙，光彩夺目，山水有远近分明之趣，楼阁有幽深广远之体，人物具眺望生动之情，花鸟极尽柔美生动之态，不可不收藏一两幅这样的刺绣，作为藏画中的一种。

## 装潢

装潢书画，秋为上时，春为中时，夏为下时，暑湿及沍寒俱不可装裱。勿以熟纸，背必皱起，宜用白滑漫薄大幅生纸，纸缝先避人面及接处，若缝缝相接，则卷舒缓急有损，必令参差其缝，则气力均平，太硬则强急，太薄则失力；绢素彩色重者，不可捣理。古画有积年尘埃，用皂荚清水数宿，托于太平案扞去，画复鲜明，色亦不落。补缀之法，以油纸衬之，直其边际，密其隟缝，正其经纬，就其形制，拾其遗脱，厚薄均调，润洁平稳。又，凡书画法帖，不脱落，不宜数装背，一装背，则一损精神。古纸厚者，必不可揭薄。

【译文】装裱字画，秋季最佳，春季次之，夏季为下，暑热潮湿以及严寒冰冻的时节都不可装裱。勿用熟纸装裱，那样背面必然起皱，应当用光滑细薄的大幅生纸。装裱时，纸缝应当避开人物面部以及画纸的接头，若是画作与生纸的接缝重叠，这样会因为开合的缓急而裂开，两者一定要相互错开，翻看时才会用力均匀，衬纸太硬则会用力太重，这样会显得僵硬，不能开合自如，太薄则会力道太轻，这样粘贴会不实，容易脱落受损；色彩浓重的绢素，不可捣理。倘若古画有沉积多年的尘埃，应当在皂荚水中浸泡数日，然后放在平整的几案上剔除尘垢，画作就能亮丽如初，也不会褪色。修补之法，就是在画下垫上油纸，先将边缘修理整齐，接口不留一丝缝隙，摆正方位，按照原来的形状构造，填补缺损，使整体厚薄均匀，光洁平整。另外，凡是书画法帖，没有脱落，就不宜多次装裱，每装裱一次，书画的神韵就会损伤一次。原来纸张厚的，一定不可使之变薄。

## 法糊

用瓦盆盛水，以面一斤渗水上，任其浮沉，夏五日，冬十日，以臭为度；后用清水蘸白芨半两、白矾三分，去滓和元浸面打成，就锅内打成团，另换水煮熟，去水，倾置一器，候冷，日换水浸，临用以汤调开，忌用浓糊及敝帚。

【译文】装裱用的糨糊是依照比例调制而成的，方法是用瓦盆盛水，倒入一斤面粉，任其慢慢浸透，自然沉淀，夏季五日，冬季十日，以发酵酸臭为度；然后将半两白芨、三分白矾放入清水中浸泡，去掉渣滓，与之前发酵的面糊和匀，倒入锅中搅打成团，再另换清水煮熟，将水倒掉，把面团倒入一个容器中，等待冷却，然后浸在水中，每日换水，每次使用时，以热水调和，忌用浓稠的糨糊和破旧的刷子。

## 装褫定式

上下天地须用皂绫龙凤云鹤等样，不可用团花及葱白、月白二色。二垂带用白绫，阔一寸许，乌丝粗界画二条，玉池白绫亦用前花样。书画小者须挖嵌，用淡月白画绢，上嵌金黄绫条，阔半寸许，盖宣和裱法，用以题识，旁用沉香皮条边；大者四面用白绫，或单用皮条边亦可。参书有旧人题跋，不宜剪削，无题跋则断不可用。画卷有高头者不须嵌，不则亦以细画绢挖嵌。引首须用宋经笺、白宋笺及宋、元金花笺，或高丽茧纸、日本画纸俱可。大幅上引首五寸，下引首四寸；小全幅上引首四寸，下引首三寸；上褾除擫竹外，净二尺，下褾除轴净一尺五寸，横卷长二尺者，引首阔五寸，前褾阔一尺，余俱以是为率。

**【译文】**装裱书画时，画幅的上下天地须用黑色的绫以及龙凤云鹤等纹样，不可用团花的纹样以及葱白、月白两种颜色。两条垂带要用白绫，宽一寸左右，两条黑色的粗直线作为分界线，玉池所贴的白绫也用前面说的纹样。小幅的书画须以挖嵌装裱，用淡月白色的画绢，上嵌金黄绫条，宽半寸左右，这是宣和年间的装裱式样，用于题写文字，旁边用沉香皮镶边；大幅的书画，四周用白绫镶边，也可用其他皮条镶边。参书上若有前人的题跋，不宜剪裁，没有题跋的，务必裁掉。画卷有高头的，无须镶嵌，要不然也可以用细画绢挖嵌装裱。引首须用宋经笺、白宋笺以及宋、元金花笺，或是高丽茧纸、日本画纸都可以。大幅书画的上引首五寸，下引首四寸；小的整幅书画的上引首四寸，下引首三寸；上裱除上轴外，净两尺，下裱除下轴外，净一尺五寸。长二尺的横卷，引首宽五寸，前裱宽一尺，其他的都参照这个标准。

## 褾轴

古人有镂沉檀为轴身，以裹金、鎏金、白玉、水晶、琥珀、玛瑙、杂宝为饰，贵重可观，盖白檀香洁去虫，取以为身，最有深意。今既不能如旧制，只以杉木为身。用犀、象、角三种，雕如旧式，不可用紫檀、花梨、法蓝诸俗制。画卷须出轴，形制既小，不妨以宝玉为之，断不可用平轴。签以犀、玉为之；曾见宋玉签半嵌锦带内者，最奇。

【译文】古人将沉香和檀香木进行雕刻，来作画轴的轴身，以裹金、鎏金、白玉、水晶、琥珀、玛瑙等各色珍宝装饰，贵重美观，白檀木芬芳洁净，可以驱虫，用于制作轴身，最为实用。如今既已不能遵照旧制，那就只能用杉木来制作轴身。轴头用犀牛角、象牙、牛角三种，依照旧式样雕刻，不可用紫檀木、花梨木、珐琅等材料。画卷须有轴头，式样小的轴头，不妨用宝玉来制作，绝不可没有轴头。画签用犀牛角、玉石来制作；曾见过一种宋代半嵌在锦带里的玉签，最是奇特。

## 裱锦

古有樗蒲锦、楼阁锦、紫驼花、鸾鹊锦、朱雀锦、凤皇锦、走龙锦、翻鸿锦，皆御府中物。有海马锦、龟纹锦、粟地锦、皮球锦，皆宣和绫，及宋绣花鸟、山水，为装池卷首，最古。今所尚落花流水锦，亦可用；惟不可用宋段及纻绢等物。带用锦带，亦有宋织者。

【译文】古时的裱锦有樗蒲锦、楼阁锦、紫驼花锦、鸾鹊锦、朱雀锦、凤凰锦、走龙锦、翻鸿锦，这些都是宫中之物。还有海马锦、龟纹锦、粟地锦、皮球锦，这些都是宣和年间所织的绫，以及宋朝所绣的花鸟、山水，用来装裱书画的卷首，最有古韵。如今推崇的落花流水锦，也可用；唯独不可用宋朝所织的缎以及纻绢等物。系带用锦带，也有人用宋朝所织的锦带。

## 藏画

以杉、桫木为匣，匣内切勿油漆、糊纸，恐惹霉湿。四、五月，先将画幅幅展看，微见日色，收起入匣，去地丈余，庶免霉白。平时张挂，须三、五日一易，则不厌观，不惹尘湿，收起时，先拂去两面尘垢，则质地不损。

**【译文】**收藏书画时要放在用杉木、桫木制成的匣子中，匣内切勿油漆、糊纸，防止受潮霉变。四、五月间，先将书画一一展开，稍微晒一下，就收入匣中，存放的地方应离地一丈左右，可以避免生出白霉。平日家中悬挂的书画，须三、五日一换，这样就不会生厌，书画也不会沾染灰尘湿气，收起书画时，要先将两面的尘垢拂去，这样就不会损伤书画。

## 小画匣

短轴作横面开门匣，画直放入，轴头贴签，标写某书某画，甚便取看。

**【译文】**装短轴的画匣做成横面开门的形式，画卷可

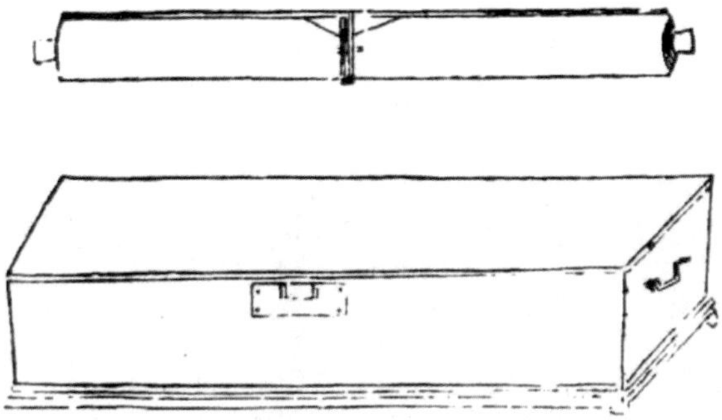

《三才图会》中的画匣

直接放入，轴头贴上画签，标写书画的名称，以便拿取赏看。



## 卷画

须顾边齐，不宜局促，不可太宽，不可着力卷紧，恐急裂绢素。拭抹用软绢细细拂之，不可以手托起画轴就观，多致损裂。

【译文】书画卷起时须注意两边是否对齐，不宜太窄，也不可太宽，不可用力卷得过紧，防止绢素开裂。擦拭时用软绢轻轻拂过，不可用手托起画背来观赏，这样书画容易破损。

## 法帖

历代名家碑刻，当以《淳化阁帖》压卷，侍书王著勒，末有篆题者是。蔡京奉旨摹者，曰《太清楼帖》；僧希白所摹者，曰《潭帖》；尚书郎潘师旦所摹者，曰《绛帖》；王寀辅道守汝州所刻者，曰《汝帖》；宋许提举开刻于临江者，曰《二王帖》；元祐中刻者，曰《秘阁续帖》；淳熙年刻者，曰《修内司本》；高宗访求遗书，于淳熙阁摹刻者，曰《淳熙秘阁续帖》；后主命徐铉勒石，在淳化之前者，曰《昇元帖》；刘次庄摹《阁帖》，除去篆题年月，而增入释文者，曰《戏鱼堂帖》；武冈军重摹《绛帖》，曰《武冈帖》；上蔡人临摹《绛帖》，曰《蔡州帖》；赵彦约于南康所刻，曰《星凤楼帖》；庐江李氏刻，曰《甲秀堂帖》；黔人秦世章所刻，曰《黔江帖》；泉州重摹阁帖，曰《泉帖》；韩平原所刻，曰《群玉堂帖》；薛绍彭所刻，曰《家塾帖》；曹之格日新所刻，曰《宝晋斋帖》；王庭筠所刻，曰《雪溪堂帖》；周府所刻，曰《东书堂帖》。吾家所刻，曰《停云馆帖》《小停云帖》；华氏刻，曰《真赏斋帖》；皆帖中名刻，摹勒皆精。又如历代名帖，收藏不可缺者，周、秦、汉则史籀篆《石鼓文》、坛山石刻，李斯篆泰山、朐山、峄山诸碑，《秦誓》（《诅楚文》），章帝《草书帖》，蔡邕《淳于长夏承碑》《郭有道碑》《九疑山碑》《边韶碑》《宣父碑》《北岳碑》，崔子玉《张平子墓碑》，郭香察隶《西岳华山碑》。魏帖则锺元常《贺捷表》《大飨碑》《荐季直表》《受禅碑》《上尊号碑》《宗圣侯碑》。吴帖则《国山碑》《延陵季子二碑》；晋帖则《兰亭记》《笔阵图》《黄庭经》《圣教序》《乐毅论》《周府君碑》《东方朔赞》《洛神赋》《曹娥碑》《告墓文》《摄山寺碑》《裴雄碑》《兴福寺碑》《宣示帖》《平西将军墓铭》《梁思楚碑》，羊祜《岘山碑》，索靖《出师颂》；宋、齐、梁、陈帖，则《宋文帝神道碑》，齐倪桂《金庭观碑》，齐《南阳寺隶书碑》，梁萧子云《章草出师颂》《茅君碑》《瘗鹤铭》，刘灵《堕泪碑》。陈智永《真行二体千文》《草书兰亭》。魏、齐、周帖则有魏刘玄明《华岳碑》、裴思顺《教戒经》；北齐王思诚《八分蒙山碑》《南阳寺隶书碑》，《天柱山铭》；后周《大宗伯唐景碑》。隋帖则有《开皇兰亭》、薛道衡书《尔朱敞碑》《舍利塔铭》《龙藏寺碑》。唐帖，欧书则《九成宫铭》《房定公墓碑》《化度寺碑》《皇甫君碑》《虞恭公碑》《真书千文小楷》《心经》《梦奠帖》《金兰帖》；虞书则《夫子庙堂碑》《破邪论》《宝昙塔铭》《阴圣道场碑》《汝南公主铭》《孟法师碑》；褚书则《乐毅论》《哀册文》《忠臣像赞》《龙马图赞》《临摹兰亭》《临摹圣教》《阴符经》《度人经》《紫阳观碑》；柳书则《金刚经》《玄秘塔铭》；颜书则《争坐位帖》《麻姑仙坛》《二祭文》《家庙碑》《元次

梁尚書王筠書

篇和南至節過念無
慕深至情不可任寒凝
道從何如想比清豫弟
學羸勞每惡恆何
猩善清勤比此求叙

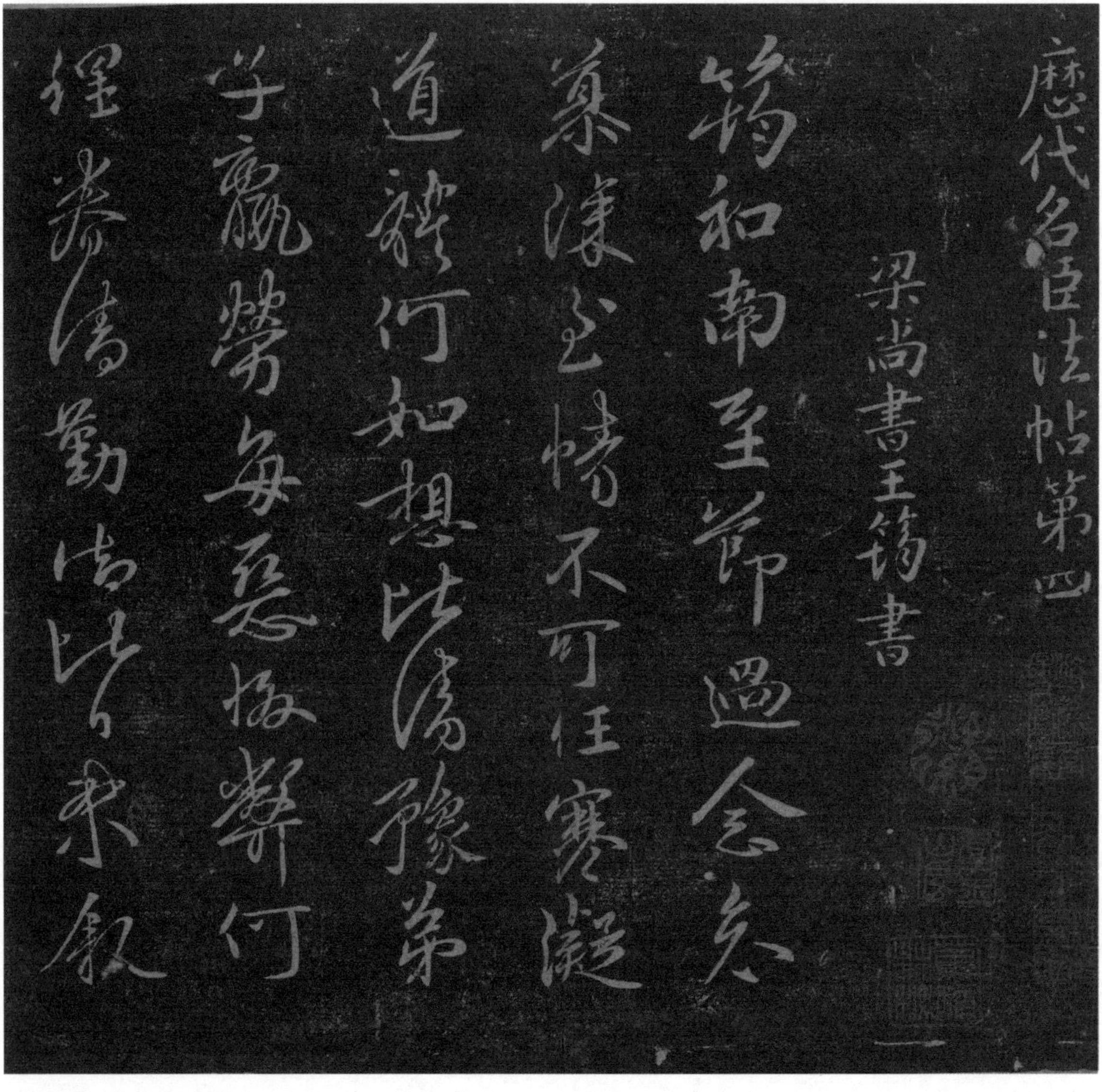

山碑》《多宝寺碑》《放生池碑》《射堂记》《北岳庙碑》《草书千文》《磨崖碑》《干禄字帖》；怀素书则《自序三种》《草书千文》《圣母帖》《藏真律公二帖》；李北海书则《阴符经》《娑罗树碑》《曹娥碑》《秦望山碑》《臧怀亮碑》《有道先生叶公碑》《岳麓寺碑》《开元寺碑》《荆门行》《云麾将军碑》《李思训碑》《戒坛碑》；太宗书《魏徵碑》《屏风帖》；高宗书《李勣碑》；玄宗《一行禅师塔铭》《孝经》《金仙公主碑》；孙过庭《书谱》；柳公绰《诸葛庙堂碑》；李阳冰《篆书千文》《城隍庙碑》《孔子庙碑》；欧阳通《道因禅师碑》；薛稷《升仙太子碑》；张旭《草书千文》；僧行敦《遗教经》。宋则苏、米诸公，如《洋州园池》《天马赋》等类。元则赵松雪。国朝则二宋诸公，所书佳者，亦当兼收，以供赏鉴，不必太杂。

**【译文】**历代名家碑刻，应以《淳化阁帖》为压轴，《淳化阁帖》由宋朝翰林侍书王著雕刻，末尾有用篆书题的字。蔡京奉旨临摹的，名为《太清楼帖》；僧人希白临摹的，名为《潭帖》；尚书郎潘师旦临摹的，名为《绛帖》；王寀担任汝州太守时所刻的，名为《汝帖》；宋朝许提举在临江所刻的，名为《二王帖》；元祐年间所刻的，名为《秘阁续帖》；淳熙年间所刻的，名为《修内司本》；宋高宗访求前朝遗墨，由淳熙阁摹刻的，名为《淳熙秘阁续帖》；南唐后主李煜命徐铉摹刻，落款时间在淳化年之前的，名为《升元帖》；刘次庄摹刻《淳化阁帖》，将篆题年月删去，再加入释文的刻本，名为《戏鱼堂帖》；武冈军重新摹刻的《绛帖》，名为《武冈帖》；上蔡人临摹的《绛帖》，名为《蔡州帖》；赵彦约在南康所刻的，名为《星凤楼帖》；庐江李氏所刻，名为《甲秀堂帖》；黔人秦世章所刻，名为《黔江帖》；泉州重新摹刻的《淳化阁帖》，名为《泉帖》；韩侂胄所刻，名为《群玉堂帖》；薛绍彭所刻，名为《家塾帖》；曹之格模仿古帖所刻，名为《宝晋斋帖》；王庭筠所刻，名为《雪溪堂帖》；周宪王朱有燉所刻，名为《东书堂帖》。我家摹刻的，名为《停云馆帖》《小停云帖》；本朝华夏所刻，名为《真赏斋帖》；这些都是书帖中有名的刻本，摹刻得都十分精致。再者，收藏一些不可或缺的历代名帖，例如：周、秦、汉三朝的史籀的篆文《石鼓文》、坛山石刻，李斯所刻的泰山、朐山、峄山等碑，《秦誓》（《诅楚文》），章帝《草书帖》，蔡邕《淳于长夏承碑》《郭有道碑》《九疑山碑》《边韶碑》《宣父碑》《北岳碑》，崔子玉《张平子墓碑》，郭香校正勘定的隶书《西岳华山碑》。三国魏帖有锺繇《贺捷表》《大飨碑》《荐季直表》《受禅碑》《上尊号碑》《宗圣侯碑》。三国吴帖有《国山碑》《延陵季子二碑》；晋帖有《兰亭记》《笔阵图》《黄庭经》《圣教序》《乐毅论》《周府君碑》《东方朔赞》《洛神赋》《曹娥碑》《告墓文》《摄山寺碑》《裴雄碑》《兴福寺碑》《宣示帖》《平西将军墓铭》《梁思楚碑》，羊祜《岘山碑》，索靖《出师颂》；南北朝时宋、齐、梁、陈的名帖，则有《宋文帝神道碑》，南齐倪桂的《金庭观碑》，齐《南阳寺隶书碑》，南梁萧子云的《章草出师颂》《茅君碑》《瘗鹤铭》，刘灵的《堕泪碑》。陈智永《真行二体千文》《草书兰亭》。南北朝时的魏、齐、周帖有北魏刘玄明的《华岳碑》、裴思顺的《教戒经》；北齐王思诚的《八分蒙山碑》，《南阳寺隶书碑》，《天柱山铭》；后周的《大宗伯唐景碑》。隋帖有《开皇兰亭》、薛道衡所书的《尔朱敞碑》《舍利塔铭》《龙藏寺碑》。唐帖有：欧阳询所书的《九成宫铭》《房定公墓碑》《化度寺碑》《皇甫君碑》《虞恭公碑》《真书千文小楷》《心经》《梦奠帖》《金兰帖》；虞世南所书的《夫子庙堂碑》《破邪论》《宝昙塔铭》《阴圣道场碑》《汝南公主铭》《孟法师碑》；褚遂良所书的《乐毅论》《哀册文》《忠臣像赞》《龙马图赞》《临摹兰亭》《临摹圣教》《阴符经》《度人经》《紫阳观碑》；柳公权所书的《金刚经》《玄秘塔铭》；颜真卿所书的《争坐位帖》《麻姑仙坛》《二祭文》《家庙碑》《元次山碑》《多宝寺碑》《放生池碑》《射堂记》《北岳庙碑》《草书千文》《磨崖碑》《干禄字帖》；怀素所书的《自序三种》《草书千文》《圣母帖》《藏真律公二帖》；李邕所书的《阴符经》

《娑罗树碑》《曹娥碑》《秦望山碑》《臧怀亮碑》《有道先生叶公碑》《岳麓寺碑》《开元寺碑》《荆门行》《云麾将军碑》《李思训碑》《戒坛碑》；唐太宗所书的《魏徵碑》《屏风帖》；唐高宗所书的《李勣碑》；唐玄宗所书的《一行禅师塔铭》《孝经》《金仙公主碑》；孙过庭的《书谱》；柳公绰的《诸葛庙堂碑》；李阳冰的《篆书千文》《城隍庙碑》《孔子庙碑》；欧阳通的《道因禅师碑》；薛稷的《昇仙太子碑》；张旭的《草书千文》；僧人行敦的《遗教经》。宋朝则有苏轼、米芾等名家，如《洋州园池》《天马赋》等。元朝则有赵孟頫。本朝则有宋克、宋广等名家，其中上佳的字帖，也应当收藏，以供赏鉴，但不必太杂。

## 南北纸墨

古之北纸，其纹横，质松而厚，不受墨；北墨色青而浅，不和油蜡，故色淡而纹皱，谓之「蝉翅拓」。南纸其纹竖，用油蜡，故色纯黑而有浮光，谓之「乌金拓」。

【译文】古时的北纸纹理呈横向，质地松而厚，不太吸墨；北墨色青而浅，与油蜡不相融，所以色浅而且有褶皱，称为「蝉翅拓」。南纸纹理呈竖向，南墨用油蜡制成，所以颜色纯黑而发亮，称为「乌金拓」。

## 古今帖辨

古帖历年久而裱数多，其墨浓者，坚若生漆，纸面光彩如研，并无沁墨水迹侵染，且有一种异馨，发自纸墨之外。

【译文】古时的书帖经历了漫长的时间而且装裱过多次，墨色浓的书帖，如生漆般坚实，纸面如同经过研磨般光亮，并没有墨水浸染的痕迹，还散发着一种纸墨之外的特殊香气。

## 装帖

古帖宜以文木薄一分许为板，面上刻碑额卷数；次则用厚纸五分许，以古色锦或青花白地锦为面，不可用绫及杂彩色；更须制匣以藏之，宜少方阔，不可狭长、阔狭不等，以白鹿纸厢边，不可用绢。十册为匣，大小如一式，乃佳。

【译文】古帖适合用薄一分左右有纹理的木板装订，木板上刻上碑首以及卷数；次一等的则用五分左右的厚纸进行装订，封面用古色锦或青花白地锦，不可用绫以及颜色混杂的材料；另外书帖还须制作匣子来存放，匣子的形状应当略为方正，不可狭长、宽窄不等，镶边则用白鹿纸，不可用绢。十册装为一匣，大小一致为最佳。

## 宋板

藏书贵宋刻，大都书写肥瘦有则，佳者有欧、柳笔法，纸质匀洁，墨色清润。至于格用单边，字多讳笔，虽辨证之一端，然非考据要诀也。书以班、范二书、《左传》《国语》《老》《庄》《史记》《文选》，诸子为第一，名家诗文、杂记、道释等书次之。纸白板新，绵纸者为上，竹纸活衬者亦可观，糊背批点，不蓄可也。

【译文】藏书以宋刻本为贵，宋刻本的文字大都肥瘦有度，其中有似欧阳询、柳公权的笔法的堪称佳品，纸质均匀洁净，墨色清亮润泽。至于格用单边，字多用讳笔，虽然这是考证宋刻本的依据之一，但也并非考证真伪的关键。藏书以班固的《汉书》、范晔的《后汉书》、《左传》《国语》《老子》《庄子》《史记》《昭明文选》，以及诸子百家的经典为第一，名家诗文、杂记、道教和佛教等书籍次之。以纸张白净、版面崭新，用绵纸的书籍为上等，用竹纸作活衬的书籍也算不错，有糊背、评点的书籍，不收藏也罢。

## 悬画月令

岁朝宜宋画福神及古名贤像，元宵前后宜看灯、傀儡，正二月宜春游、仕女、梅、杏、山茶、玉兰、桃、李之属，三月三日宜宋画真武像，清明前后宜牡丹、芍药，四月八日宜宋元人画佛及宋绣佛像，十四宜宋画纯阳像，端午宜真人、玉符，及宋元名笔端阳景、龙舟、艾虎、五毒之类，六月宜宋元大楼阁、大幅山水、蒙密树石、大幅云山、采莲、避暑等图，七夕宜穿针乞巧、天孙织女、楼阁、芭蕉、仕女等图，八月宜古桂，或天香、书屋等图，九十月宜菊花、芙蓉、秋江、秋山、枫林等图，十一月宜雪景、蜡梅、水仙、醉杨妃等图，十二月宜锺馗、迎福、驱魅、嫁魅，腊月廿五宜玉帝、五色云车等图。至如移家则有葛仙移居等图，称寿则有院画寿星、王母等图，祈晴则有东君，祈雨则有古画风雨神龙、春雷起蛰等图，立春则有东皇太乙等图，皆随时悬挂，以见岁时节序。若大幅神图，及杏花燕子、纸帐梅、过墙梅、松柏、鹤鹿、寿星之类，一落俗套，断不宜悬。至如宋元小景，枯木、竹石四幅大景，又不当以时序论也。

**【译文】**正月初一适合悬挂宋朝的天官图及古圣名贤的画像，元宵节前后适合悬挂描绘赏灯、观木偶戏等场景的画，正月、二月适合悬挂描绘春游、仕女、梅、杏、山茶、玉兰、桃、李等类的画，三月三日适合悬挂宋朝的玄武神像，清明前后适合悬挂牡丹、芍药图，四月八日适合悬挂宋元时期的人物画像、佛像及宋朝刺绣佛像，四月十四日适合悬挂宋朝吕洞宾画像，端午适合悬挂道教真人、玉符等图，以及宋元名家所绘制的端阳景、龙舟、艾虎、五毒之类的画作，六月适合悬挂宋元大楼阁、大幅山水、茂树密石、大幅云山、采莲、避暑等图，七夕适合悬挂穿针乞巧、织女、楼阁、芭蕉、仕女等图，八月适合悬挂古桂，或天香、书屋等图，九月、十月适合悬挂菊花、芙蓉、秋江、秋山、枫林等图，十一月适合悬挂雪景、蜡梅、水仙、醉杨妃等图，十二月适合悬挂钟馗、迎福、驱魅、嫁魅等图，腊月二十五适合悬挂玉帝、五色云车等图。至于搬家则有葛洪移居等图，祝寿则有寿星、西王母等院画，祈求晴天则有东君画像，祈求降雨则有风雨神龙、春雷起蛰等古画，立春则有东皇太乙等图。都可以随着时令变化来悬挂不同的画作，以此体现岁时节序。假若是大幅神图，及杏花燕子、纸帐梅、过墙梅、松柏、鹤鹿、寿星之类的画作，都落入俗套，绝对不宜悬挂。至于宋元时期的小幅风景图，枯木、竹石四幅大景，可以不按照节令时序悬挂。

長物志卷六

明　文震亨　撰

## 几榻

古人製几榻雖長短廣狹不齊置之齋室必古雅可愛又坐臥依憑無不便適燕衎之暇以之展經史閱書畫陳鼎彝羅肴核施枕簟何施不可今人製作徒取雕繪文飾以悅俗眼而古制蕩然令人慨歎實深志几榻第六

## 榻

坐高一尺二寸屏高一尺三寸長七尺有奇橫一尺五寸周設木格中實湘竹下座不虛三面靠背後背與兩旁等此榻之定式也有古斷紋者有元螺鈿者其製自

然古雅忌有四足或為螳螂腿下承以板則可近有大
理石鑲者有退光朱黑漆中刻竹樹以粉填者有新螺
鈿者大非雅器他如花楠紫檀烏木花梨照舊式制成
俱可用一改長大諸式雖曰美觀俱落俗套更見元製
榻有長丈五尺濶二尺餘上無屏者盖古人連牀夜臥
臥以足抵足其製亦古然今却不適用

## 短榻

高尺許長四尺置之佛堂書齋可以習靜坐禪談玄揮
麈更便斜倚俗名彌勒榻

## 几

以怪樹天生屈曲若環若帶之半者為之横生三足出
自天然摩弄滑澤置之榻上或蒲團可倚手頓顙又見

圖畫中有古人架足而臥者製亦奇古

禪椅

以天台藤為之或得古樹根如虬龍詰曲臃腫槎牙四出可挂瓢笠及數珠瓶鉢等器更須瑩滑如玉不露斧斤者為佳近見有以五色芝粘其上者頗為添足

天然几

以文木如花梨鐵梨香楠等木為之第以闊大為貴長不可過八尺厚不可過五寸飛角處不可太尖須平圓乃古式照倭几下有拖尾者更奇不可用四足如書卓式或以古樹根承之不則用木如臺面闊厚者空其中略彫雲頭如意之類不可雕龍鳳花草諸俗式近時所製狹而長者最可厭

書卓

中心取濶大四週廂邊濶僅半寸許足稍矮而細則其製自古凡狹長混角諸俗式俱不可用漆者尤俗

壁卓

長短不拘但不可過濶飛雲起角螳螂足諸式俱可供佛或用大理及祁陽石鑲者出舊製亦可

方卓

舊漆者最多須取極方大古朴列坐可十數人者以供展玩書畫若近製八仙等式僅可供宴集非雅器也燕几別有譜圖

臺几

倭人所製種類大小不一俱極古雅精麗有鍍金鑲四

角者有嵌金銀片者有暗花者價俱甚貴近時倣舊式為之亦有佳者以置尊彝之屬最古若紅漆狹小三角諸式俱不可用

## 椅

椅之製最多曾見元螺鈿椅大可容二人其製最古烏木鑲大理石者最稱貴重然亦須照古式為之總之宜矮不宜高宜闊不宜狹其摺疊單靠吳江竹椅專諸禪椅諸俗式斷不可用踏足處須以竹鑲之庶歷久不壞

## 杌

杌有二式方者四面平等長者亦可容二人並坐圓杌須大四足坰出古亦有螺鈿朱黑漆者竹杌及縚環諸

俗式不可用

### 櫈

櫈亦用狹邊廂者為雅，以川柏為心，以烏木廂之最古
不則竟用雜木黑漆者亦可用

### 交牀

即古胡牀之式兩都有嵌銀銀鉸釘圓木者攜以山遊
或舟中用之最便金漆摺疊者俗不堪用

### 櫥

藏書櫥須可容萬卷愈闊愈古惟深僅可容一冊即闊
至丈餘門必用二扇不可用四及六小櫥以有座者為
雅四足者差俗即用足亦必高尺餘下用櫥殿僅宜二
尺不則兩櫥疊置矣櫥殿以空如一架者為雅小櫥有

方二尺餘者以置古銅玉小器為宜大者用杉木為之可辟蠹小者以湘妃竹及豆瓣楠赤水欏古黑漆斷紋者為甲品雜木亦俱可用但式貴去俗耳鉸釘忌用白銅以紫銅照舊式兩頭尖如梭子不用釘釘者為佳竹櫥及小木直楞一則市肆中物一則藥室中物俱不可用小者有內府填漆有日本所製皆奇品也經櫥用朱漆式稍方以經冊多長耳

## 架

書架有大小二式大者高七尺餘濶倍之上設十二格每格僅可容書十冊以便檢取下格不可置書以近地卑濕故也足亦當稍高小者可置几上二格平頭方木竹架及朱黑漆者俱不堪用

佛廚佛卓

用朱黑漆須極華整而無脂粉氣有內府雕花者有古漆斷紋者有日本製者俱自然古雅近有以斷紋器湊成者若製作不俗亦自可用若新漆八角委角及建窑佛像斷不可用也

床

以宋元斷紋小漆牀為第一次則內府所製獨眠牀又次則小木出高手匠作者亦自可用永嘉粵東有摺疊者舟中攜置亦便若竹牀及飄簷拔步彩漆卍字回紋等式俱俗近有以柏木琢細如竹者甚精宜閨閤及小齋中

廂

倭廂黑漆篏金銀片大者盈尺其鉸釘鎖鑰俱奇巧絕倫以置古玉重器或晉唐小卷最宜又有一種差大式亦古雅作方勝纓絡等花者其輕如紙亦可置卷軸香藥雜玩齋中宜多畜以俻用又有一種古斷紋者上員下方乃古人經廂以置佛坐間亦不俗

## 屏

屏風之制最古以大理石鑲下座精細者為貴次則祁陽石又次則花蘂石不得舊者亦須倣舊式為之若紙糊及圍屏木屏俱不入品

## 腳凳

以木製滾凳長二尺濶六寸高如常式中分一鐺内二空中車圓木二根兩頭留軸轉動以腳踹軸滾動往來

蓋湧泉穴精氣所生以運動爲妙竹踏凳方而大者亦

可用古琴磚有狹小者夏月用作踏凳甚凉

長物志卷六

# 卷六　几榻

古人制几榻，虽长短广狭不齐，置之斋室，必古雅可爱，又坐卧依凭，无不便适。燕衎之暇，以之展经史，阅书画，陈鼎彝，罗肴核，施枕簟，何施不可。今人制作，徒取雕绘文饰，以悦俗眼，而古制荡然，令人慨叹实深。志《几榻第六》。

【译文】古人制作几榻，虽然长短不齐，宽窄不一，但置于斋室之中，必显古雅，惹人喜爱，而且坐卧凭靠，无不方便舒适。宴饮行乐之余，在此翻看典籍，欣赏书画，陈列古玩，摆放佳肴蔬果，放置枕头席子，无一不可。而今人所制，只注重雕绘装饰，以悦俗眼，古时的制式荡然无存，着实令人感慨叹息。记《几榻第六》。

## 榻

坐高一尺二寸，屏高一尺三寸，长七尺有奇，横三尺五寸，周设木格，中贯湘竹，下座不虚。三面靠背，后背与两傍等，此榻之定式也。有古断纹者，有元螺钿者，其制自然古雅。忌有四足，或为螳螂腿，下承以板，则可。近有大理石镶者；有退光朱黑漆中刻竹树以粉填者；有新螺钿者，大非雅器。他如花楠、紫檀、乌木、花梨，照旧式制成，俱可用。一改长大诸式，虽曰美观，俱落俗套。更见元制榻，有长丈五尺，阔二尺余，上无屏者，盖古人连床夜卧，以足抵足。其制亦古，然今却不适用。

【译文】榻座高一尺二寸，靠背高一尺三寸，长七尺有余，宽三尺五寸，周围设置木制框格作为扶手靠背，中间铺设湘竹，榻脚稳当不会摇晃。三面要有靠背，后面的靠背与两旁扶手要一样，这是榻的定式。榻有古断纹式，有元螺钿式，这几种榻的式样自然古雅。榻下忌讳做成四只脚，可以制成螳螂腿的形状，下面用木板来做榻脚即可。近来有镶嵌大理石的；有先刷上退光朱黑漆，然后在上面雕刻竹子树木的图案，再填入粉的；还有新螺钿式的，这些都并非古雅之物。其他如花楠木、紫檀木、乌木、花梨木，遵照旧式制成的，都是可用的。倘若改成又长又大的式样，改变了原本固定的尺寸，虽然美观，但都落入俗套。以前见到元朝制作的榻，长一丈五尺，宽二尺左右，上面没有靠背，古人将其与床拼接在一起，抵足而眠。虽然它的式样也很古雅，但现在已经不适用了。

## 短榻

高尺许，长四尺，置之佛堂、书斋，可以习静坐禅，谈玄挥麈，更便斜倚，俗名「弥勒榻」。

【译文】短榻高一尺左右，长四尺，放在佛堂、书斋，可以坐禅静修，也可以手挥拂尘，谈玄论道，还可以斜倚躺卧，俗名「弥勒榻」。

## 几

以怪树天生屈曲若环若带之半者为之，横生三足，出自天然，摩弄滑泽，置之榻上或蒲团，可倚手顿颡。又见图画中有古人架足而卧者，制亦奇古。

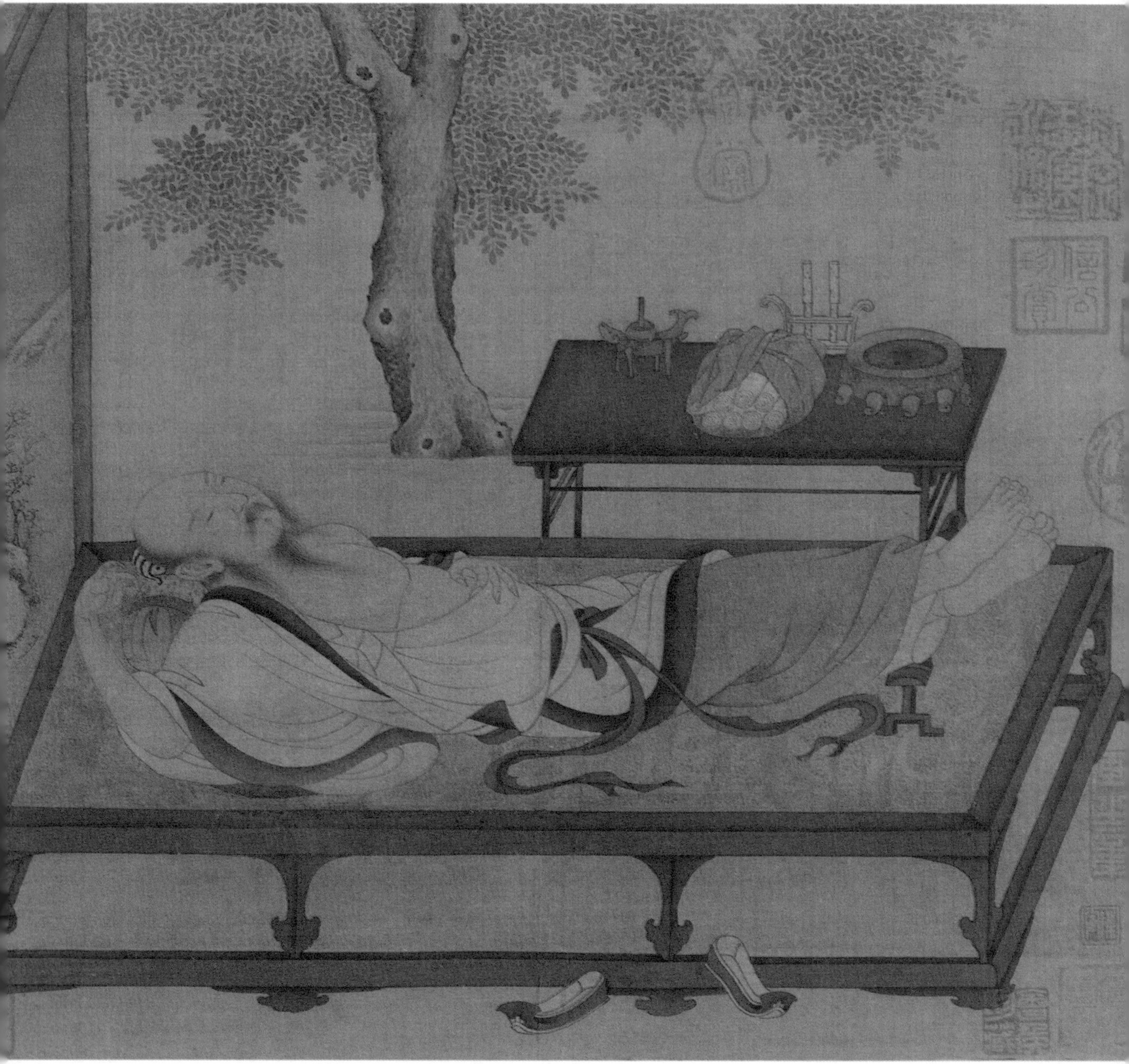

【译文】用天生弯曲、状若环带的怪树来制作几，最好有三个分枝来当作几的脚，这种天然形成的几，打磨光滑后，置于榻上或蒲团上，可以用来斜倚撑头。还见到过图画中有古人用来放脚休息的几，式样也十分奇特古雅。

## 禅椅

以天台藤为之，或得古树根，如虬龙诘曲臃肿，槎牙四出，可挂瓢笠及数珠、瓶钵等器，更须莹滑如玉、不露斧斤者为佳。近见有以五色芝粘其上者，颇为添足。

【译文】禅椅既可以用天台山的藤制作，也可以用像虬龙般弯曲粗大的古树根制作，分枝横生，可以悬挂瓢勺、斗笠以及念珠、瓶钵等物品，并以莹滑如玉、不露刀刻斧凿之迹的为上品。近来见到有人把五色灵芝粘在禅椅上用以装饰，简直是画蛇添足。

## 天然几

以文木如花梨、铁梨、香楠等木为之；第以阔大为贵，长不可过八尺，厚不可过五寸，飞角处不可太尖，须平圆，乃古式。照倭几下有拖尾者，更奇，不可用四足如书桌式；或以古树根承之，不则用木，如台面阔厚者，空其中，略雕云头、如意之类，不可雕龙凤花草诸俗式。近时所制，狭而长者，最可厌。

【译文】天然几用花梨木、铁梨木、香楠木等有纹理的木材来制作；但要以宽大为贵，长不可过八尺，厚不可过五寸，两端的飞角不可太尖，须平圆，如此才是古式。下面有拖尾的倭几，则更加奇特，不可制成像书桌一样的四脚；天然几的脚可以用古树根制作，要不然也可以用木板制作，若是台面宽厚的天然几，中间空出一些地方，在上面可略雕云彩、如意之类的图案，不可雕刻龙凤花草等俗气的图案。近来所制的式样，狭而长，最不好看。

## 书桌

中心取阔大，四周厢边，阔仅半寸许，足稍矮而细，则其制自古。凡狭长混角诸俗式，俱不可用，漆者尤俗。

**【译文】**书桌桌面要宽大，四周的镶边，宽只要半寸左右，桌腿稍矮而细，这种式样则会显得古朴。凡是狭长或圆角等俗气式样，都不可用，刷漆的书桌尤为庸俗。

## 壁桌

长短不拘，但不可过阔，飞云、起角、螳螂足诸式，俱可供佛。或用大理及祁阳石镶者，出旧制，亦可。

**【译文】**壁桌不拘长短，但不可过宽，飞云、起角、螳螂腿等式样，都可作供佛之用。或者依照旧式镶嵌着大理石、祁阳石的壁桌，同样可以使用。

## 方桌

旧漆者最佳，须取极方大古朴，列坐可十数人者，以供展玩书画。若近制八仙等式，仅可供宴集，非雅器也。燕几别有谱图。

【译文】方桌中用旧漆的最佳，须选极其宽大古朴，可围坐十几人的，以供书画展开来欣赏。譬如现在的八仙桌等式样，仅可供宴饮集会之用，并非雅致之器。燕几则另有图样。

## 台几

倭人所制，种类大小不一，俱极古雅精丽，有镀金镶四角者，有嵌金银片者，有暗花者，价俱甚贵。近时仿旧式为之，亦有佳者，以置尊彝之属，最古。若红漆狭小三角诸式，俱不可用。

【译文】倭人所制的台几，种类大小不一，都极其古雅精美，有镀金镶四角的，有嵌金银片的，有暗花的，价格都十分高昂。近年仿照旧式所制的台几，也有佳品，用于放置盛酒的器皿，最有古韵。而像刷上红漆以及窄小、三角形等式样，都不可用。

## 椅

椅之制最多，曾见元螺钿椅，大可容二人，其制最古；乌木镶大理石者，最称贵重，然亦须照古式为之。总之，宜矮不宜高，宜阔不宜狭，其折叠单靠、吴江竹椅、专诸禅椅诸俗式，断不可用。踏足处，须以竹镶之，庶历久不坏。

**【译文】**椅子的式样最多，曾看到元螺钿式的椅子，宽大可坐下两人，这种式样最为古雅；镶嵌大理石的乌木椅，算是最珍贵的了，但也须遵照古式来制作。总而言之，椅子宜矮不宜高，宜宽不宜窄，譬如能折叠的单靠椅、吴江竹椅、专诸禅椅等俗气式样，断不可用。椅子的脚踏处，须以竹子镶嵌，这样就能经久不坏。

宋·张训礼《围炉博古图》

## 杌

杌有二式，方者四面平等，长者亦可容二人并坐，圆杌须大，四足彭出。古亦有螺钿朱黑漆者，竹杌及绦环诸俗式，不可用。

**【译文】**杌有两种，方杌是四面相等的方形，长的可容两人并坐；圆杌须大，四脚向外旁出。古时也有螺钿朱黑漆的杌子，但竹制及丝绳编织等俗气式样，都不可用。

## 凳

凳亦用狭边厢者为雅。以川柏为心，以乌木厢之，最古。不则竟用杂木，黑漆者亦可用。

**【译文】**镶有窄边的凳子同样雅致。用柏木作桌面，四周镶以乌木，最为古雅。要不然整体用杂木，刷上黑漆，也可用。

## 交床

即古胡床之式，两脚有嵌银、银铰钉圆木者，携以山游，或舟中用之，最便。金漆折叠者，俗不堪用。

**【译文】**交床即古时的胡床，两脚有嵌银、并用银铰钉钉在圆木中间呈交叉状，外出游玩时携带，或是坐船时使用，最为方便。漆成金色的交床，俗不堪用。

## 橱

藏书橱须可容万卷，愈阔愈古，惟深仅可容一册。即阔至丈余，门必用二扇，不可用四及六。小橱以有座者为雅，四足者差俗，即用足，亦必高尺余。下用橱殿，仅宜二尺，不则两橱叠置矣。橱殿以空如一架者为雅。小橱有方二尺余者，以置古铜玉小器为宜。大者用杉木为之，可辟蠹；小者以湘妃竹及豆瓣楠、赤水、椤木为古。黑漆断纹者为甲品，杂木亦俱可用，但式贵去俗耳。铰钉忌用白铜，以紫铜照旧式，两头尖如梭子，不用钉钉者为佳。竹橱及小木直楞，一则市肆中物，一则药室中物，俱不可用。小者有内府填漆，有日本所制，皆奇品也。经橱用朱漆，式稍方，以经册多长耳。

**【译文】**藏书的书橱须能装下万卷书册，越大越好，但深度仅以一册书的宽度为宜，不可过深。书橱宽可达一丈左右，门只能用两扇，不可用四扇或六扇。小橱柜以有底座为雅，四只脚的稍显俗气，即便要做成带脚的，脚也必须高一尺左右。下面的橱殿只适用两尺，要不然就做成两个橱柜叠放在一起。空如一架的橱殿最为雅致。二尺见方的小橱柜，适合摆放铜器、古玉等小件古玩。大的橱柜用杉木制作，可防虫蛀；小的橱柜以湘妃竹、豆瓣楠、赤水木、椤木制作，最为古雅。黑漆断纹质地的最佳，杂木也可用，只是式样不能俗气。铰钉忌用白铜，要用紫铜依照旧式做成如梭子一样两头尖的样子，不用钉钉的最佳。竹橱和小木架，一为商铺所用，一为药铺所用，都不可作为书橱使用。小橱柜有用内府填漆制成的，有用日本制造的，都堪称奇品。收藏佛经的经橱要用红漆，式样要略方，因为经书大多较长。

架

书架有大小二式，大者高七尺余，阔倍之。上设十二格，每格仅可容书十册，以便检取。下格不可置书，以近地卑湿故也，足亦当稍高。小者可置几上，二格平头、方木、竹架及朱黑漆者，俱不堪用。

【译文】书架有大小两种，大的高七尺左右，宽是高的两倍。分为十二格，每格仅可放下十册书，以便拿取。靠下的格子不可放书，因为接近地面，容易受潮，书架脚同样应当略高。小的书架可置于几案上，两格的平头书架、方木、竹架及朱黑漆的书架，都不堪用。

## 佛橱　佛桌

用朱黑漆，须极华整，而无脂粉气。有内府雕花者，有古漆断纹者，有日本制者，俱自然古雅。近有以断纹器凑成者，若制作不俗，亦自可用。若新漆八角委角，及建窑佛像，断不可用也。

【译文】佛橱、佛桌用朱黑漆，须庄严整齐，无脂粉气。佛橱、佛桌有内府雕花的，古漆断纹的，有日本制造的，都十分自然古雅。近年有断纹材质的，假若式样不俗气，也可使用。若是新漆八角委角，以及建窑烧制的佛像，绝不可用。

## 床

以宋元断纹小漆床为第一，次则内府所制独眠床，又次则小木出高手匠作者亦自可用。永嘉、粤东有折叠者，舟中携置亦便。若竹床及飘檐、拔步、彩漆、卍字、回纹等式，俱俗。近有以柏木琢细如竹者，甚精，宜闺阁及小斋中。

【译文】床以宋元时期的断纹小漆床为第一，内府所制的独眠床次之，由手艺高超的工匠制作的木床再次之。永嘉、粤东有折叠床，在乘舟行船时使用，携带起来也很方便。其他譬如竹床以及飘檐、拔步、彩漆、卍字、回纹等式样，都十分俗气。近来有用柏木雕刻成竹子形状的床，甚为精美，适宜用于闺阁及小的斋室之中。

## 厢

倭厢黑漆嵌金银片，大者盈尺，其铰钉锁钥俱奇巧绝伦，以置古玉重器或晋唐小卷最宜。又有一种差大，式亦古雅，作方胜、缨络等花者，其轻如纸，亦可置卷轴、香药、杂玩，斋中宜多畜以备用。又有一种古断纹者，上圆下方，乃古人经箱，以置佛座间，亦不俗。

【译文】倭箱外表漆以黑漆，镶嵌金银片，大的一尺有余，箱子上的铰钉锁钥都奇巧绝伦，最适合放置古玉等珍宝或晋唐时的小卷书画。还有一种略大些的箱子，式样也十分古雅，表面有方胜、璎珞等花纹图案，轻如纸张，同样可以存放书画卷轴、香药、各种珍玩，斋舍之中应当多准备几只，以便随时取用。还有一种古断纹箱，上圆下方，是古人所用的经箱，置于佛座之上，也不会显得俗气。

## 屏

屏风之制最古，以大理石镶下座，精细者为贵。次则祁阳石，又次则花蕊石。不得旧者，亦须仿旧式为之，若纸糊及围屏、木屏，俱不入品。

【译文】屏风的式样最有古韵，以底座用大理石镶嵌，制作精细者为贵。用祁阳石镶嵌的次之，用花蕊石镶嵌的再次之。倘若没有旧时的屏风，也须模仿旧时的式样来制作，若是纸糊的、围屏、木屏，都不入品。

## 脚凳

以木制滚凳，长二尺，阔六寸，高如常式，中分一铛，内二空，中车圆木二根，两头留轴转动，以脚踹轴，滚动往来，盖涌泉穴精气所生，以运动为妙。竹踏凳方而大者，亦可用。古琴砖有狭小者，夏月用作踏凳，甚凉。

【译文】脚凳是木制的滚凳，长二尺，宽六寸，和平常的凳子一样高，中间有一根木档将其分为两格，中间插入两根圆木，露出两端作为转轴，脚蹬在轴上，来回滚动，可以按摩涌泉穴，因为涌泉穴可以生发精气，滚动按摩的效果最妙。宽大四方的竹踏凳，也可用。狭小的古琴砖，夏季当作踏凳，十分清凉。

欽定四庫全書

# 長物志卷七

明 文震亨 撰

## 器具

古人製器尚用不惜所費故制作極備非若後人苟且上至鐘鼎刀劍盤匜之屬下至隃糜側理皆以精良為樂匪徒銘金石尚款識而已今人見聞不廣又習見時世所尚遂致雅俗莫辨更有專事絢麗目不識古軒牕几案毫無韻物而侈言陳設未之敢輕許也志器具第七

### 香鑪

三代秦漢鼎彝及官哥定窯龍泉宣窯皆以備賞鑒非日用所宜惟宣銅彝鑪稍大者最為適用宋姜鑄亦可

惟不可用神罏太乙及鎏金白銅雙魚象鬲之類尤忌
者雲間潘銅胡銅所鑄八吉祥倭景百釘諸俗式及新
製建窑五色花窑等罏又古青緑博山亦可間用木鼎
可置山中石鼎惟以供佛餘俱不入品古人鼎彝俱有
底蓋今人以木為之烏木者最上紫檀花梨俱可忌菱
花葵花諸俗式罏頂以宋玉帽頂及角端海獸諸樣隨
罏大小配之瑪瑙水晶之屬舊者亦可用

## 香合

宋剔合色如珊瑚者為上古有一劍環二花草三人物
之說又有五色漆胎刻法深淺隨妝露色如紅花緑葉
黄心黑石者次之有倭盒三子五子者有倭撞金銀片
者有果園廠大小二種底蓋各置一廠花色不等故以

一合爲貴有內府填漆合俱可用小者有定窯饒窯蔗段串鈴二式餘不入品尤忌描金及書金字徽人剔漆并磁合即宣成嘉隆等窯俱不可用

隔火

鑪中不可斷火即不焚香使其長温方有意趣且灰燥易燃謂之活灰隔火砂片第一定片次之玉片又次之金銀不可用以火浣布如錢大者銀鑲四圍供用尤妙

匙筯

紫銅者佳雲間胡文明及南都白銅者亦可用忌用金銀及長大填花諸式

筯瓶

官哥定窯者雖佳不宜日用吴中近製短頸細孔者插

觔下重不作銅者不入品

袖爐

熏衣炙手袖爐最不可少以倭製漏空罩蓋漆鼓為上新製輕重方圓二式俱俗製也

手爐

以古銅青緑大盆及簠簋之屬為之宣銅獸頭三腳鼓爐亦可用惟不可用黄白銅及紫檀花梨等架腳爐舊鑄有類仰蓮坐細錢紋者有形如匣者最雅被爐有香毬等式俱俗竟廢不用

香筒

舊者有李文甫所製中雕花鳥竹石略以古簡為貴若太涉脂粉或雕鏤故事人物便稱俗品亦不必置懷袖

間

## 筆格

筆格雖為古製然既用研山如靈壁英石峰巒起伏不露谷鑿者為之此式可廢古玉有山形者有舊玉子母猫長六七寸白玉為母餘取玉玷或純黃純黑玳瑁之類為子者古銅有鏒金雙螭挽格有十二峯為格有單螭起伏為格窑器有白定三山五山及臥花哇者俱藏以供玩不必置几研間俗子有以老樹根枝蟠曲萬狀或為龍形爪牙俱備者此俱最忌不可用

## 筆牀

筆牀之製世不多見有古鎏金者長六七寸高寸二分闊二寸餘上可卧筆四矢然形如一架最不美觀即舊

式可廢也

筆屏

鑲以插筆亦不雅觀有宋內製方圓玉花版有大理舊石方不盈尺者置几案間亦爲可厭竟廢此式可也

筆筒

湘竹栟櫚者佳毛竹以古銅鑲者爲雅紫檀烏木花梨亦間可用忌八棱菱花式陶者有古白定竹節者最貴然艱得大者冬青磁細花及宣窑者俱可用又有鼓樣中有孔插筆及墨者雖舊物亦不雅觀

筆船

紫檀烏木細鑲竹篾者可用惟不可以牙玉爲之

筆洗

玉者有鉢盂洗長方洗玉環洗古銅者有古鏒金小洗
有青緑小盂有小釜小巵匜此五物原非筆洗今用作
洗最佳陶者有官哥葵花洗磬口洗四捲荷葉洗捲口
蔗段洗龍泉有雙魚洗菊花洗百折洗定窑有三箍洗
梅花洗方池洗宣窑有魚藻洗葵瓣洗磬口洗鼓樣洗
俱可用忌絛環及青白相間諸式又有中盞作洗邊盤
作筆覘者此不可用

## 筆覘

定窑龍泉小淺碟俱佳水晶琉璃諸式俱不雅有玉碾
片葉為之者尤俗

## 水中丞

銅性猛貯水久則有毒易脆筆故必以陶者為佳古銅

入土歲久與窑器同惟宣銅則斷不可用玉者有元口瓮腹大僅如拳古人不知何用令以盛水最佳古銅者有小尊罍小甑之屬俱可用陶者有官哥瓮肚小口鉢盂諸式近有陸子岡所製獸面錦地與古尊罍同者雖佳器然不入品

## 水注

古銅玉俱有辟邪蟾蜍天雞天鹿半身鸕鷀杓鏒金鴈壺諸式滴子一合者為佳有銅鑄眠牛以牧童騎牛作注管者最俗大抵鑄為人形即非雅器又有犀牛天祿龜龍天馬口啣小盂者皆古人注油點燈非水滴也陶者有官哥白定方圓立瓜臥瓜雙桃蓮房蒂葉茄壺諸式宣窑有五采桃注石榴雙瓜雙鴛諸式俱不如銅者

為雅

## 糊斗

有古銅有蓋小提卣大如拳上有提梁索股者有瓮肚如小酒杯式乘方座者有三箍長桶下有三足姜鑄回文小方斗俱可用陶者有定窑蒜蒲長礶哥窑方斗如斛中置一梁者然不如銅者便於出洗

## 蠟斗

古人以蠟代糊故緘封必用蠟斗爇之今雖不用蠟亦可收以充玩大者亦可作水杓

## 鎮紙

玉者有古玉兔玉牛玉馬玉鹿玉羊玉蟾蜍蹲虎辟邪子母螭諸式最古雅銅者有青緑蝦蟆蹲虎蹲螭眠犬

滲金辟邪卧馬龜龍亦可用其瑪瑙水晶官哥定窑俱
非雅器宣銅馬牛猫犬狻猊之屬亦有絶佳者

壓尺

以紫檀烏木為之上用舊玉璏為紐俗所稱昭文帶是
也有倭人鏒金雙桃銀葉為紐雖極工緻亦非雅物又
有中透一竅内藏刀錐之屬者尤為俗製

秘閣

以長樣古玉璏為之最雅不則倭人所造黑漆秘閣如
古玉圭者質輕如紙最妙紫檀雕花及竹雕花巧人物
者俱不可用

貝光

古以貝螺為之今得水晶瑪瑙古玉物中有可代者更

雅

裁刀

有古刀筆青綠裹身上尖下圓長僅尺許古人殺青為書故用此物今僅可供玩非利用也日本番夷有絕小者鋒甚利刀靶俱用鸂鶒木取其不染肥膩最佳滇中鏒金銀者亦可用溧陽崑山二種俱入惡道而陸小拙為尤甚矣

剪刀

有賓鐵剪刀外面起花鍍金內嵌回回字者製作極巧倭製摺疊者亦可用

書燈

有古銅駝燈羊燈龜燈諸葛燈俱可供玩而不適用有

青緑銅荷一片檠架花朶於上古人取金蓮之意今用
以爲燈最雅定窑三臺宣窑二臺者俱不堪用錫者取
舊製古朴矮小者爲佳

燈

閩中珠燈第一玳瑁琥珀魚魫次之羊皮燈名手如趙
虎所畫者亦當多蓄料絲出滇中者最勝丹陽所製
有横光不甚雅至如山東珠麥柴梅李花草百鳥百獸夾
紗墨紗等製俱不入品燈樣以四方如屏中穿花鳥清
雅如畫者爲佳人物樓閣僅可于羊皮屏上用之他如
蒸籠圈水精毬雙層三層者俱最俗篾絲者雖極
精工華絢終爲酸氣曾見元時布燈最奇亦非時尚也

鏡

秦陀黑漆古光背質厚無文者為上水銀古花背者次之有如錢小鏡滿背青綠嵌金銀五嶽圖者可供攜具菱角八角有柄方鏡俗不可用軒轅鏡其形如毬臥榻前懸挂取以辟邪然非舊式

## 鈎

古銅腰束縧鈎有金銀碧填嵌者有片金銀者有用獸為肚者皆三代物也有羊頭鈎螳螂捕蟬鈎鏒金者皆秦漢物也齋中多設以備懸壁挂畫及拂塵羽扇等用最雅自寸以至盈尺皆可用

## 束腰

漢鈎漢玦僅二寸餘者用以束腰甚便稍大則便入玩器不可日用縚用沈香真紫餘俱非所宜

## 禪燈

高麗者佳，有月燈，其光白瑩如初月；有日燈，得火內照，一室皆紅，小者尤可愛。高麗有瓶仰蓮三足銅鑪，原以置此，今不可得，別作小架架之，不可製如角燈之式。

## 香櫞盤

有古銅青綠盤，有官、哥、定窯、冬青磁、龍泉大盤，有宣德暗花白盤、蘇麻尼青盤、朱砂紅盤，以置香櫞皆可。此種出時山齋最不可少，然一盆四頭，既板且套，或以大盆置二三十，尤俗。不如覓舊硃雕茶橐架一頭，以供清玩；或得舊磁盆長樣者，置二頭于几案間，亦可。

## 如意

古人用以指揮向往，或防不測，故煉鐵為之，非直美觀

而已得舊鐵如意上有金銀錯或隱或見古色蒙然者最佳至如天生樹枝竹鞭等制皆廢物也

麈

古人用以清談今若對客揮麈便見之欲嘔矣然齋中懸挂壁上以備一種有舊玉柄者其拂以白尾及青絲為之雅若天生竹鞭萬歲藤雖玲瓏透漏俱不可用

錢

錢之為式甚多詳具錢譜有金嵌青綠刀錢可為籤如博古圖等書成大套者用之鵝眼貨布可挂杖頭

瓢

得小匾葫蘆大不過四五寸而小者半之以水磨其中布擦其外光彩瑩潔水濕不變塵污不染用以懸挂

杖頭及樹根禪椅之上俱可更有二歀並生者有可為冠
者俱雅其長腰鷺鶿曲項俱不可用

鉢

取深山巨竹根車旋為鉢上刻銘字或梵書或五嶽圖
填以石青光潔可愛

花缾

古銅入土年久受土氣深以之養花花色鮮明不特古
色可玩而已銅器可插花者曰尊曰罍曰觚曰壺隨花
大小用之磁器用官哥定窑古膽缾一枝缾小蓍草缾
紙槌缾餘如闇花青花茄袋葫蘆細口匾肚瘦足藥罈
及新鑄銅缾建窑等缾俱不入清供尤不可用者鵝頸
壁瓶也古銅漢方瓶龍泉均州缾有極大高二三尺者

以插古梅最相稱缾中俱用錫作替管盛水可免破裂之患大都瓶寧瘦無過壯寧大無過小高可一尺五寸低不過一尺乃佳

## 鐘磬

不可對設得古銅秦漢鎛鐘編鐘及古靈璧石磬聲清韻遠者懸之齋室擊以清耳磬有舊玉者股三寸長尺餘僅可供玩

## 杖

鳩杖最古蓋老人多咽鳩能治咽故也有三代立鳩飛鳩杖頭周身金銀填嵌者飾于方竹筇竹萬歲藤之上最古杖須長七尺餘摩弄滑澤乃佳天台藤更有自然屈曲者一作龍頭諸式斷不可用

坐墩

冬月用蒲草爲之，高一尺二寸，四面編束細密堅實，内用木車坐板以柱托頂，外用錦飾。暑月可置藤墩。宫中有繡墩，形如小鼓，四角垂流蘇者，亦精雅可用。

坐團

蒲團大徑三尺者，席地快甚，棕團亦佳。山中欲遠濕辟蟲，以雄黄熬蠟作蠟布團，亦雅。

數珠

以金剛子小而花細者爲貴，以宋做玉降魔杵、玉五供養爲記總，他如人頂、龍充、珠玉、瑪瑙、琥珀、金珀、水晶、珊瑚、硨磲者，俱俗；沉香、伽南香者則可，尤忌杭州小菩提子及灌香於内者。

### 番經

常見番僧佩經或皮袋或漆匣大方三寸厚寸許匣外兩傍有耳繫繩佩服中有經文更有貝葉金書彩畫天魔變相精巧細密斷非中華所及此皆方物可貯佛室與數珠同攜

### 扇扇墜

羽扇最古然得古團扇雕漆柄為之乃佳他如竹箋紙糊竹根紫檀柄者俱俗又今之摺疊扇古稱聚頭扇乃日本所進彼中今尚有絕佳者展之盈尺合之僅兩指許所畫多作仕女乘車跨馬踏青拾翠之狀又以金銀屑飾地面及作星漢人物粗有形似其所染青緑奇甚專以空青海緑為之真奇物也川中蜀府製以進御有

金鈒藤骨面薄如輕綃者最為貴重內府別有采畫五毒百鶴鹿百福壽等式差俗然亦華絢可觀徽杭亦有稍輕雅者姑蘇最重書畫扇其骨以白竹棕竹烏木紫白檀湘妃眉綠等為之間有用牙及玳瑁者有員頭直根縚環結子板板花諸式素白金面購求名筆圖寫佳者價絕高其匠作則有李昭李贊馬勲蔣三柳玉臺沈少樓諸人皆高手也紙敝墨渝不堪懷袖別裝卷冊以供玩相沿既久習以成風至稱為姑蘇人事然實俗製不如川扇適用耳扇墜夏月用伽楠沉香為之漢玉小玦及琥珀眼掠皆可香串緬茄之屬斷不可用

## 枕

有書枕用紙三大卷狀如碗品字相疊束縛成枕有舊

窑枕長二尺五寸濶六寸者可用長一尺者謂之尸枕乃古墓中物不可用也

## 簟

茭葦出滿喇伽國生於海之洲渚岸邊葉性柔軟織為細簟冬月用之愈覺溫暖夏則蘄州之竹簟最佳

## 琴

琴為古樂雖不能操亦須壁懸一牀以古琴歷年既久漆光退盡紋如梅花黯如烏木彈之聲不沉者為貴琴軫犀角象牙者雅以蚌珠為徽不貴金玉絃用白色柘絲古人雖有朱絃清越等語不如素質有天然之妙唐有雷文張越宋有施木舟元有朱致遠國朝有惠祥高騰祝海鶴及樊氏路氏皆造琴高手也挂琴不可近風

露日色琴囊須以舊錦為之軫上不可用紅綠流蘇抱琴勿橫夏月彈琴但宜早晚午則汗易汙且太燥脆絃

## 琴臺

以河南鄭州所造古郭公磚上有方勝及象眼花者以作琴臺取其中空發響然此實宜置盆景及古石當更制一小几長過琴一尺高二尺八寸濶容三琴者為雅坐用胡牀兩手更便運動須比他坐稍高則手不費力更有紫檀為邊以錫為池水晶為面者於臺中置水蓄魚藻實俗製也

## 研

研以端溪為上出廣東肇慶府有新舊坑上下巖之辯石色深紫襯手而潤叩之清遠有重暈青綠小鸜鵒眼

者為貴其次色赤呵之乃潤更有紋慢而大者乃西坑石不甚貴也又有天生石子温潤如玉摩之無聲發墨而不壞筆真希世之珍有無眼而佳者若白端青緑端非眼不辨黑端出湖廣辰沅二州亦有小眼但石質粗燥非端石也更有一種出婺源歙山龍尾溪亦有新舊二坑南唐時開至北宋已取盡故舊硯非宋者皆此石石有金銀星及羅紋刷絲眉子青黑者尤貴黎溪石出湖廣常德辰州二界石色淡青內深紫有金線及黄脈俗所謂紫袍金帶者是洮溪研出陜西臨洮府河中石緑色潤如玉衢研出衢州開化縣有極大者色黑熟鐵研出青州古瓦研出相州澄泥研出虢州研之樣製不一宋時進御有玉臺鳳池玉環玉堂諸式今所稱貢研

世絶重之以高七寸濶四寸下可容一拳者為貴不知此特進奉一種其製最俗余所見宣和舊研有絶大者有小八棱者皆古雅渾朴别有圓池東坡瓢形斧形端明諸式皆可用葫蘆樣稍俗至如雕鏤二十八宿鳥獸龜龍天馬及以眼為七星形剝落研質嵌古銅玉器於中皆入惡道研須日滌去其積墨敗水則墨光瑩澤惟研池邊斑駁墨跡久浸不浮者名曰墨鏽不可磨去研用則貯水畢則乾之滌硯用蓮房殼去垢起滯又不傷研大忌滾水磨墨茶酒俱不可尤不宜令頑童持洗研匣宜用紫黑二漆不可用五金蓋金能燥石至如紫檀烏木及雕紅彩漆俱俗不可用

## 筆

尖齊圓健筆之四德蓋毫堅則尖毫多則齊用檾貼襯得法則毫束而圓用純毫附以香狸角水得法則用久而健此製筆之訣也古有金銀管象管玳瑁管玻璃管鏤金綠沉管近有紫檀雕花諸管俱俗不可用惟斑管最雅不則竟用白竹尋丈書筆以木為管亦俗當以節竹為之蓋竹細而節大易於把握筆頭式須如尖筍細腰葫蘆諸樣僅可作小書然亦時製也畫筆杭州者佳古人用筆洗蓋書後即滌去滯墨毫堅不脫可耐久筆敗則瘞之故云敗筆成塚非虛語也

## 墨

墨之妙用質取其輕煙取其清嗅之無香摩之無聲若晉唐宋元書畫皆傳數百年墨色如漆神氣完好此佳

墨之效也故用墨必擇精品且日置几案間即樣製亦須近雅如朝官魁星寶瓶墨玦諸式即佳亦不可用宣德墨最精幾與宣和內府所製同當蓄以供玩或以臨摹古書畫蓋膠色已退盡惟存墨光耳唐以奚廷珪為第一張遇第二廷珪至賜國姓今其墨幾與珍寶同價

## 紙

古人殺青為書後乃用紙北紙用橫簾造其紋橫其質鬆而厚謂之側理南紙用豎簾二王真蹟多是此紙唐人有硬黃紙以黃蘗染成取其辟蠹蜀妓薛濤為紙名十色小箋又名蜀箋宋有澄心堂紙有黃白經箋可揭開用有碧雲春樹龍鳳團花金花等箋有匹紙長三丈至五丈有彩色粉箋及藤白鵠白蠶繭等紙元有彩色

粉箋蠟箋黄箋花箋羅紋箋皆出紹興有白籙觀音清
江等紙皆出江西山齋俱當多蓄以備用國朝連七觀
音奏本榜紙俱不佳惟大内用細密灑金五色粉箋堅
厚如板面砑光如白玉有印金花五色箋有青紙如叚
素俱可寶近吴中灑金紙松江潭箋俱不耐久涇縣連
四最佳高麗别有一種以綿繭造成色白如綾堅韌如
帛用以書寫發墨可愛此中國所無亦奇品也

劒

今無劒客故世少名劒即鑄劒之法亦不傳古劒銅鐵
互用陶弘景刀劒録所載有屈之如鈎縱之直如絃鏗
然有聲者皆目所未見近時莫如倭奴所鑄青光射人
曾見古銅劒青緑四裹者蓄之亦可愛玩

## 印章

以青田石瑩潔如玉照之燦若燈輝者為雅然古人實不重此五金牙玉水晶木石皆可為之惟陶印則斷不可用即官哥冬青等窰皆非雅器也古鏐金鍍金細錯金銀商金青綠金玉瑪瑙等印篆刻精古鈕式奇巧者皆當多蓄以供賞鑒印池以官哥窰方者為貴定窰及八角委角者次之青花白地有蓋長樣俱俗近做周身連蓋滚螭白玉印池雖工緻絶倫然不入品所見有三代玉方池内外土銹血侵不知何用今以為印池甚古然不宜日用僅可備文具一種圖書匣以豆瓣楠赤水欏為之方樣套蓋不則退光素漆者亦可用他如剔漆填漆紫檀鑲嵌古玉及毛竹攢竹者俱不雅觀

## 文具

文具雖時尚然出古名匠手亦有絕佳者以豆瓣楠癭木及赤水欏為雅他如紫檀花梨等木皆俗三格一替替中置小端硯一筆覘一書冊一小硯山一宣德墨一倭漆墨匣一首格置玉秘閣一古玉或銅鎮紙一賓鐵古刀大小各一古玉柄棕帚一筆船一高麗筆二枝次格古銅水盂一糊斗蠟斗各一古銅水杓一青綠鎏金小洗一下格稍高置小宣銅彝鑪一宋剔合一倭漆小撞白定或五色定小合各一矮小花尊或小觶一圖書匣一中藏古玉印池古玉印鎏金印絕佳者數方倭漆小梳匣一中置玳瑁小梳及古玉盤匜等器古犀玉小盃二他如古玩中有精雅者皆可入之以供玩賞

梳具

以瘿木為之或日本所製其纏絲竹絲螺鈿雕漆紫檀等俱不可用中置玳瑁梳玉剔帚玉缸玉合之類即非秦漢間物亦以稍舊者為佳若使新俗諸式闌入便非韻士所宜用矣

## 海論銅玉雕刻窑器

三代秦漢人製玉古雅不煩即如子母螭臥蠶紋雙鈎碾法宛轉流動細入毫髮涉世既久土繡血侵最多惟翡翠色水銀色為銅侵者特一二見耳玉以紅如雞冠者為最黃如蒸栗白如截肪者次之黑如點漆青如新柳綠如鋪絨者又次之今所尚翠色通明如水晶者古人號為碧非玉也玉器中圭璧最貴鼎彝觚尊杯注環

玦次之鉤束鎮紙玉璏充耳剛卯瑱珈珌琫印章之類又次之琴劒觹佩扇墜又次之銅器鼎彝觚尊敦鬲最貴匜卣罍觶次之簠簋鍾注歃血盆奩花囊之屬又次之三代之辨商則質素無文周則雕篆細密夏則嵌金銀細巧如髮款識少者一二字多則二三十字其或二三百字者定周末先秦時器篆文夏用鳥跡商用蟲魚周用大篆秦以大小篆漢以小篆三代用陰款秦漢用陽款間有凹入者或用刀刻如鐫碑亦有無款者蓋民間之器無功可紀不可遽謂非古也有謂銅氣入土久土氣濕蒸鬱而成青入水久水氣滷浸潤而成綠然亦不盡然第銅氣清瑩不雜易發青綠耳銅色褐色不如硃砂硃砂不如綠綠不如青青不如水銀水銀不如黑

漆黑漆最易偽造余謂必以青緑為上偽造有冷冲者
有屑湊者有燒斑者皆易辨也窑器柴窑最貴世不一
見聞其製青如天明如鏡薄如紙聲如磬未知然否官
哥汝窑以粉青色為上淡白次之油灰最下紋取冰裂
鱔血鐵足為上梅花片墨紋次之細碎紋最下官窑隱
紋如蟹爪哥窑隱紋如魚子定窑以白色而加以泑水
如淚痕者佳紫色黑色俱不貴均州窑色如胭脂者為
上青若蔥翠紫若墨色者次之雜色者不貴龍泉窑甚
厚不易茅蔑第工匠稍拙不甚古雅宣窑冰裂鱔血紋
者與官哥同隱紋如橘皮紅花青花者俱鮮彩奪目堆
垛可愛又有元燒樞府字號亦有可取至於永樂細欵
青花杯成化五彩葡萄杯及純白薄如琉璃者今皆極

貴實不甚雅雕刻精妙者以宋為貴俗子輒論金銀胎最為可笑蓋其妙處在刀法圓熟藏鋒不露用朱極鮮漆堅厚而無敲裂所刻山水樓閣人物鳥獸皆儼若圖畫為佳絶耳元時張成楊茂二家亦以此技擅名一時國朝果園廠所製刀法視宋尚隔一籌然亦精細至於雕刻器皿宋以詹成為首國朝則夏白眼擅名宣廟絶賞之吴中如賀四李文甫陸子岡皆後來繼出高手第所刻必以白玉琥珀水晶瑪瑙等為佳器若一涉竹木便非所貴至於雕刻果核雖極人工之巧終是惡道

長物志卷七

# 卷七　器具

古人制器尚用，不惜所费，故制作极备，非若后人苟且。上至钟、鼎、刀、剑、盘、匜之属，下至隃糜、侧理，皆以精良为乐，匪徒铭金石、尚款识而已。今人见闻不广，又习见时世所尚，遂致雅俗莫辨。更有专事绚丽，目不识古，轩窗几案，毫无韵物，而侈言陈设，未之敢轻许也。志《器具第七》。

**【译文】**古人制作器具讲究实用，不惜工本，所以制作得极其精致，不像后人那样敷衍了事。上至钟、鼎、刀、剑、盘、匜等，下至墨汁、纸张，都以制作精良为好，并不只是看重铭刻金石、崇尚款识而已。当今之人孤陋寡闻，又受到现在潮流的影响，以至于不能辨别雅俗。更有人只求炫目华丽、不识古雅，窗户、桌案之间，毫无风雅之物，却奢谈陈设，我不敢轻易认可。记《器具第七》。

## 香炉

三代、秦、汉鼎彝，及官、哥、定窑、龙泉、宣窑，皆以备赏鉴，非日用所宜。惟宣铜彝炉稍大者，最为适用。宋姜铸亦可，惟不可用神炉、太乙及鎏金白铜双鱼、象鬲之类。尤忌者，云间、潘铜、胡铜所铸八吉祥、倭景、百钉诸俗式，及新制建窑、五色花窑等炉。又古青绿博山亦可间用。木鼎可置山中，石鼎惟以供佛，余俱不入品。古人鼎彝，俱有底盖，今人以木为之。乌木者最上，紫檀、花梨俱可，忌菱花、葵花诸俗式。炉顶以宋玉帽顶及角端、海兽诸样，随炉大小配之，玛瑙、水晶之属，旧者亦可用。

【译文】夏、商、周、秦、汉时期的鼎彝，以及官窑、哥窑、定窑、龙泉窑、宣窑烧制的香炉，都是用来欣赏的，并不适合日常使用。只有宣德年间铸造的稍大一点的铜炉，最适合使用。宋代姜氏铸的铜炉也可以，唯独烧香的神炉、炼丹的太乙炉以及鎏金白铜双鱼炉、象形炉之类不可用。尤其忌讳使用云间、潘氏、胡氏铸造的吉祥八宝、日本风景、百钉等俗式铜炉，以及新烧制的建窑、五彩花窑等香炉。又有古代青绿古铜博山炉也可以偶尔使用。木香炉可以放置在山中，石香炉只可以用于供佛，其余的都不入流。古人用的香炉，都有底盖，现在的都用木头制作。乌木做的最好，紫檀木、花梨木也可用，忌讳用菱花、葵花这些俗气的花纹做装饰。炉顶做成宋代玉石帽顶和角端、海兽等样式，大小要与香炉相配，旧式的玛瑙、水晶之类也可以用来做炉盖。

## 香合

宋剔合色如珊瑚者为上，古有一剑环、二花草、三人物之说，又有五色漆胎，刻法深浅，随妆露色，如红花绿叶、黄心黑石者次之。有倭盒三子、五子者，有倭撞金银片者，有果园厂，大小二种，底盖各置一厂，花色不等，故以一合为贵。有内府填漆合，俱可用。小者有定窑、饶窑蔗段、串铃二式，余不入品。尤忌描金及书金字，徽人剔漆并磁合，即宣、成、嘉、隆等窑，俱不可用。

【译文】香盒以宋代制作的色如珊瑚的雕红漆盒为上品，古时有一剑环、二花草、三人物的说法，又有五色漆胎，雕刻深浅不同，显现出的颜色也不同，像红花绿叶、黄心黑石等纹样的稍次。有日式三格、五格漆盒，还有日式手提盒，还有果园厂制作的，分为大小两种，底、盖分厂制作，花色不同，所以底、盖花色一致的最为珍贵。还有内府填漆盒，都可使用。小香盒有定窑、饶窑产的蔗段、串铃两种，其余的都不入流。尤其忌讳描金以及写金字的，徽州人制作的雕红漆盒，以及瓷盒，即宣、成、嘉、隆等窑所产，都不可使用。

## 隔火

炉中不可断火，即不焚香，使其长温，方有意趣，且灰燥易燃，谓之「活灰」。隔火，砂片第一，定片次之，玉片又次之，金银不可用。以火浣布如钱大者，银镶四围，供用尤妙。

**【译文】**香炉中不能断火，即使不焚香，让其长时间燃烧，这样才有意趣，而香灰干燥易燃，称之为「活灰」。隔火最好用砂锅底磨成的砂片，其次可以用定窑瓷片，再次可以用玉石薄片，但不可使用金银。把火浣布做成铜钱大小，在四周镶上银边做成隔火，尤为有趣。

## 匙筯

紫铜者佳，云间胡文明及南都白铜者亦可用；忌用金银，及长大填花诸式。

**【译文】**匙箸以紫铜做的品质最好，松江府胡文明制作的以及南京白铜制成的匙箸也可以使用；忌讳用金银制作，以及长大的填花等式样的匙箸。

## 筯瓶

官、哥、定窑者虽佳，不宜日用，吴中近制短颈细孔者，插筯下重不仆，铜者不入品。

【译文】官窑、哥窑、定窑烧制的箸瓶虽然品质上佳，但不适合日常使用，吴中近年生产的短颈细孔箸瓶，插进匙箸瓶身重心靠下不会倾倒，铜箸瓶不入品。

## 袖炉

熏衣炙手，袖炉最不可少。以倭制漏空罩盖漆鼓为上。新制轻重方圆二式，俱俗制也。

【译文】熏衣暖手，最不可缺少的就是袖炉。袖炉以日本制造的镂空炉盖漆鼓形的为上佳。新制的有轻重方圆之别的两种样式，都是俗气样式。

## 手炉

以古铜青绿大盆及簠簋之属为之，宣铜兽头三脚鼓炉亦可用，惟不可用黄白铜及紫檀、花梨等架。脚炉旧铸有俯仰莲坐细钱纹者，有形如匣者最雅。被炉有香球等式，俱俗，竟废不用。

【译文】以古青绿铜大盆以及簠簋之类的器皿作为手炉，宣德年间制作的兽头三足鼓身铜炉也可使用，只是不能用黄白铜以及紫檀、花梨等作炉架。旧制的脚炉有俯仰莲花座细铜钱纹的样子，有形状像匣子的，最为雅致。被炉有香球等样式，都很俗气，后来都废置不用了。

## 香筒

旧者有李文甫所制，中雕花鸟竹石，略以古简为贵。若太涉脂粉，或雕镂故事人物，便称俗品，亦不必置怀袖间。

【译文】旧制的香筒有李文甫制作的，上面雕着花鸟竹石，都以古朴简约为贵。如果沾有太多脂粉气，或者雕刻着故事人物，就成为俗品，也不必揣入怀袖中了。

## 笔格

笔格虽为古制，然既用研山，如灵璧、英石，峰峦起伏，不露斧凿者为之，此式可废。古玉有山形者，有旧玉子母猫，长六七寸，白玉为母，余取玉玷或纯黄、纯黑玳瑁之类为子者。古铜有鎏金双螭挽格，有十二峰为格，有单螭起伏为格。窑器有白定三山、五山及卧花哇者，俱藏以供玩，不必置几研间。俗子有以老树根枝蟠曲万状，或为龙形，爪牙俱备者，此俱最忌，不可用。

【译文】笔架虽是古时旧制，而如今已经使用以灵璧石、英石做成的砚台，峰峦起伏，不露斧凿人工之迹，因此笔架就可以废置不用了。古玉笔架中有山形的，有旧子母猫形的，长六七寸，用白玉做成母猫，取有瑕疵的玉或者纯黄、纯黑的玳瑁做成小猫。古铜笔架中有鎏金双螭相挽成格的，有十二峰成格的，有单螭起伏成格的。瓷笔架中有白定瓷三山笔架、五山笔架以及躺卧娃娃笔架，这些都是用来收藏把玩的，不用放在几案和砚台之间。有俗人用盘曲万状的老树根做成龙的形状，爪牙俱全，这都是最忌讳的，千万不可使用。

## 笔床

笔床之制，世不多见。有古鎏金者，长六七寸，高寸二分，阔二寸余，上可卧笔四矢，然形如一架，最不美观。即旧式，可废也。

**【译文】**笔床这种器具，如今已不多见。古代有鎏金的，长六七寸，高一寸二分，宽两寸多，上面可放四支毛笔，但形状像一个架子，最不美观。虽然是旧式，但也可以废弃不用了。

## 笔屏

镶以插笔，亦不雅观。有宋内制方圆玉花版，有大理旧石，方不盈尺者，置几案间，亦为可厌，竟废此式可也。

**【译文】**笔屏是用来插笔的，也不太雅观。有宋代内府制造的方圆玉花板，也有用大理石制成的，长宽不到一尺，放置在书案之上，也让人心生厌恶，废弃不用完全可以。

## 笔筒

湘竹、栟榈者佳，毛竹以古铜镶者为雅，紫檀、乌木、花梨亦间可用，忌八棱花式。陶者有古白定竹节者，最贵，然艰得大者。青冬磁细花及宣窑者，俱可用，又有鼓样中有孔插笔及墨者，虽旧物，亦不雅观。

【译文】笔筒以湘竹、棕榈制的品质为佳，毛竹制的以上面镶有古铜的最为雅致，紫檀木、乌木、花梨木也可以使用，忌讳八棱花的样式。陶瓷制的以古代定窑烧制的白瓷竹节形笔筒最珍贵，却很难得到大的。细花青冬瓷以及宣窑瓷的笔筒，都可使用，还有一种鼓形笔筒，中间有孔可用来插笔、放墨，虽然是旧物，但也不够雅观。

## 笔船

紫檀、乌木细镶竹篾者可用，惟不可以牙、玉为之。

【译文】可以用镶有竹篾的紫檀木、乌木制作笔船，唯独不可用象牙、玉石制作笔船。

## 笔洗

玉者有钵盂洗、长方洗、玉环洗。古铜者有古鎏金小洗，有青绿小盂，有小釜、小卮、小匜，此五物原非笔洗，今用作洗最佳。陶者有官、哥葵花洗、磬口洗、四卷荷叶洗、卷口蔗段洗。龙泉有双鱼洗、菊花洗、百折洗。定窑有三箍洗、梅花洗、方池洗。宣窑有鱼藻洗、葵瓣洗、磬口洗、鼓样洗，俱可用。忌绦环及青白相间诸式，又有中盏作洗，边盘作笔觇者，此不可用。

【译文】玉石制的笔洗有钵盂洗、长方洗、玉环洗。古铜制的笔洗有古鎏金小洗，有青绿小盂，有小釜、小卮、小匜，这五种原本并非笔洗，如今当作笔洗最好。陶瓷制的笔洗有官窑、哥窑烧制的葵花洗、磬口洗、四卷荷叶洗、卷口蔗段洗。龙泉窑烧制的双鱼洗、菊花洗、百折洗。定窑烧制的三箍洗、梅花洗、方池洗。宣窑烧制的鱼藻洗、葵瓣洗、磬口洗、鼓样洗，都可用。忌讳用绦环以及青白相间等样式，还有把中盏当作笔洗，边盘当作笔觇的，这些都不可用。

## 笔觇

定窑、龙泉小浅碟俱佳，水晶、琉璃诸式俱不雅，有玉碾片叶为之者尤俗。

【译文】定窑、龙泉窑烧制的小浅碟品质俱佳，水晶、琉璃的样式都不够雅致，有一种用玉碾片叶做成的笔觇尤为俗气。

## 水中丞

铜性猛，贮水久则有毒，易脆笔，故必以陶者为佳。古铜入土岁久，与窑器同，惟宣铜则断不可用。玉者有元口瓮，腹大仅如拳，古人不知何用？今以盛水，最佳。古铜者有小尊罍、小甑之属，俱可用。陶者有官、哥瓮肚小口钵盂诸式。近有陆子冈所制兽面锦地与古尊罍同者，虽佳器，然不入品。

【译文】铜制水中丞最好。铜制水中丞因为铜性猛烈，贮水太久就会产生毒素，容易损坏毛笔，所以用陶瓷制的水中丞最好。古代铜器埋在土里多年，其性与瓷器相同，也可以用，只有宣铜器绝不能用。有一种玉制的圆口瓮，腹部仅有拳头大小，不知古人是用来做什么的？现今用来装水，最好。古代铜器中的小酒杯、小炊具之类的，都可用。陶瓷制的有官窑、哥窑烧制的大肚小口钵盂等样式。近年有陆子冈所制的兽面锦地玉器可与古代酒器媲美，虽然品质上佳，却不入流。

## 水注

古铜、玉俱有辟邪、蟾蜍、天鸡、天鹿、半身鸬鹚杓、鎏金雁壶诸式滴子，一合者为佳。有铜铸眠牛，以牧童骑牛作注管者，最俗。大抵铸为人形，即非雅器。又有犀牛、天禄、龟、龙、天马口衔小盂者，皆古人注油点灯，非水滴也。陶者有官、哥、白定方圆立瓜、卧瓜、双桃、莲房、蒂、叶、茄、壶诸式，宣窑有五采桃注、石榴、双瓜、双鸳诸式，俱不如铜者为雅。

【译文】古代铜制和玉制的水注都有辟邪、蟾蜍、天鸡、天鹿、半身鸬鹚杓、鎏金雁壶等样式的滴子，成套的最佳。有一种铜铸眠牛水注，用牧童骑牛作注管，最俗。大多铸成人形的，都算不上文雅。还有做成犀牛、天鹿、龟、龙、天马口衔小盂之类的式样，都是古人注油点灯的器具，并非水注。陶瓷制的水注有官窑、哥窑、定窑白瓷的方圆立瓜、卧瓜、双桃、莲蓬、蒂、叶、茄子、壶等样式，宣窑烧制的有五彩桃、石榴、双瓜、双鸳鸯等样式，都不如铜制的雅致。

## 糊斗

有古铜有盖小提卣大如拳，上有提梁索股者；有瓮肚如小酒杯式，乘方座者；有三箍长桶、下有三足；姜铸回文小方斗，俱可用。陶者有定窑蒜蒲长罐，哥窑方斗如斛中置一梁者，然不如铜者便于出洗。

【译文】糨糊斗有以古铜制作有如拳头那么大的带盖的小提卣，上面有做成绳索样式的提手；有肚身如小酒杯，下有方座的；有三箍长桶、下有三脚的；有姜铸回纹小方斗，都可用。陶瓷的有定窑烧制的蒜头形的长罐，哥窑烧制的方斗，像在斛中安了一个提手，但都不如铜制的便于清洗。

## 蜡斗

古人以蜡代糊，故缄封必用蜡斗熨之，今虽不用蜡，亦可收以充玩，大者亦可作水杓。

【译文】古人用蜡代替糨糊，因此封口时就必须用蜡斗熨烫，现今虽然不用蜡斗了，但也可以收藏当作玩物，大的蜡斗也可作水勺使用。

## 镇纸

玉者有古玉兔、玉牛、玉马、玉鹿、玉羊、玉蟾蜍、蹲虎、辟邪、子母螭诸式，最古雅。铜者有青绿虾蟆、蹲虎、蹲螭、眠犬、鎏金辟邪、卧马、龟、龙，亦可用。其玛瑙、水晶、官、哥、定窑，俱非雅器。宣铜马、牛、猫、犬、狻猊之属，亦有绝佳者。

【译文】玉制的古玉兔、玉牛、玉马、玉鹿、玉羊、玉蟾蜍、蹲虎、辟邪、子母螭等样式的镇纸，最为古雅。铜制的青绿蛤蟆、蹲虎、蹲螭、眠犬、鎏金辟邪、卧马、龟、龙等样式的镇纸，也可以。其他如玛瑙、水晶、官窑、哥窑、定窑制作的镇纸，都不算文雅。宣铜做的马、牛、猫、犬、狻猊等样式的镇纸，也有极好的。

## 压尺

以紫檀、乌木为之，上用旧玉璏为纽，俗所称「昭文带」是也。有倭人鎏金双桃银叶为纽，虽极工致，亦非雅物。又有中透一窍，内藏刀锥之属者，尤为俗制。

【译文】压尺用紫檀木、乌木制成，上面用古玉剑鼻做成纽，就是俗称的「昭文带」。有一种日本人制作的鎏金双桃银叶纽的压尺，虽然极其精巧，但并不算文雅。还有在压尺中间挖出一个洞，里面收纳刀锥之类的物品，是尤其低俗的形制。

## 秘阁

以长样古玉璏为之，最雅；不则倭人所造黑漆秘阁如古玉圭者，质轻如纸，最妙。紫檀雕花及竹雕花巧人物者，俱不可用。

【译文】用长条形的古玉璏做成的秘阁，最为雅致；另外日本人制作的像古代玉圭的黑漆秘阁，轻薄如纸，最为美观。在紫檀木上雕花以及在竹子上雕刻花卉和人物的秘阁，都不可用。

## 贝光

古以贝螺为之，今得水晶、玛瑙。古玉物中，有可代者，更雅。

【译文】古人用贝壳、螺壳制作贝光，如今则用水晶、玛瑙。古玉器中，有可用来代替水晶、玛瑙来做贝光的，更为雅致。

## 裁刀

有古刀笔，青绿裹身，上尖下圆，长仅尺许，古人杀青为书，故用此物，今仅可供玩，非利用也。日本番夷有绝小者，锋甚利，刀把俱用鸂鶒木，取其不染肥腻，最佳。滇中鋈金银者亦可用；溧阳、昆山二种，俱入恶道，而陆小拙为尤甚矣。

【译文】古代刀笔，通体青绿，上尖下圆，仅一尺多长，古人在书简上写字，要先刮去青皮，所以要用刀笔，如今仅供把玩而已，没有人再使用它了。有一种日本制造的极小的裁刀，刀刃十分锋利，刀把都用鸡翅木制成，因其不沾油腻，品质最佳。云南鋈金银的裁刀也可用；溧阳、昆山两地产的，都落入俗套，而陆小拙制作的裁刀尤为精美。

## 剪刀

有宾铁剪刀，外面起花镀金，内嵌回回字者，制作极巧，倭制折叠者，亦可用。

【译文】有一种精炼之铁制成的剪刀，外面有镀金花纹，内里嵌有回族文字，制作极其精巧，日本制作的折叠剪刀，也可用。

## 书灯

有古铜驼灯、羊灯、龟灯、诸葛灯，俱可供玩，而不适用。有青绿铜荷一片檠，架花朵于上，古人取金莲之意，今用以为灯，最雅。定窑三台、宣窑二台者，俱不堪用。锡者取旧制古朴矮小者为佳。

【译文】书灯有古铜驼灯、羊灯、龟灯、诸葛灯，都可用来把玩，但不适合使用。有一种青绿色铜灯架，好像一片荷叶上竖立着一朵荷花，古人取其金莲之意，如今用来作为书灯，最为文雅。定窑三台、宣窑二台，都不可用。用洁白光滑的麻布依照旧制做成造型古朴、形状矮小的为佳。

## 灯

闽中珠灯第一，玳瑁、琥珀、鱼魫次之，羊皮灯名手如赵虎所画者，亦当多蓄。料丝出滇中者最胜，丹阳所制有横光，不甚雅。至如山东珠、麦、柴、梅、李、花草、百鸟、百兽、夹纱、墨纱等制，俱不入品。灯样以四方如屏，中穿花鸟，清雅如画者为佳，人物、楼阁，仅可于羊皮屏上用之，他如蒸笼圈、水精球、双层、三层者，俱最俗。篾丝者虽极精工华绚，终为酸气。曾见元时布灯，最奇，亦非时尚也。

【译文】福建珠灯为灯中第一，玳瑁、琥珀、鱼脑骨灯次之，羊皮灯若是由大师赵虎所画，也应当多收藏。料丝灯以云南制作的最好，丹阳制作的有横光，不够雅致。至于像山东产的珠灯、麦灯、柴灯、梅灯、李灯、花草灯、百鸟灯、百兽灯、夹纱灯、墨纱灯等样式，都不入流。灯的样式以四面如屏，中有花鸟，清新秀雅如画的为佳，人物、楼阁，只可画于羊皮灯上，其他像蒸笼圈灯、水晶球灯、双层灯、三层灯之类，都粗俗不堪。篾条编制的灯虽然做工极其精巧、华丽多彩，但终有寒酸之气。我曾见过元代的布罩灯，最是奇特，也并不时尚。

## 镜

秦陀、黑漆古、光背质厚无文者为上，水银古花背者次之。有如钱小镜，满背青绿，嵌金银五岳图者，可供携具。菱角、八角、有柄方镜，俗不可用。轩辕镜，其形如球，卧榻前悬挂，取以辟邪，然非旧式。

【译文】镜子以饰有秦代图形的古镜、黑漆古镜、镜背光滑厚实没有纹饰的为上品，以水银色背部有花纹的古镜次之。有一种铜钱大小的镜子，满背青绿，镶嵌有金银五岳的图样，便于携带。菱角形、八角形、有柄方镜，都俗不可用。轩辕镜，形状如球，悬挂在卧榻之前，用来辟邪，却不属于旧式。

## 钩

古铜腰束绦钩，有金、银、碧填嵌者，有片金银者，有用兽为肚者，皆三代物也。有羊头钩、螳螂捕蝉钩，鎏金者，皆秦汉物也。斋中多设，以备悬壁挂画，及拂尘、羽扇等用，最雅。自寸以至盈尺，皆可用。

【译文】古代的腰束绦钩，有镶嵌金、银、碧玉的，有用金银片装饰的，有做成兽形的，这些都是夏、商、周三代的形制。而鎏金的羊头钩、螳螂捕蝉钩，都是秦、汉时期的形制。室内多准备一些钩，用来悬挂书画、拂尘、羽扇等物，最为雅致。钩的尺寸小到一寸大到一尺，都可用。

## 束腰

汉钩、汉玦仅二寸余者，用以束腰，甚便。稍大则便入玩器，不可日用。绦用沉香、真紫，余俱非所宜。

【译文】汉代的带钩、佩玉仅二寸左右，用来束腰，很方便。尺寸稍大一些的就归入玩物之列了，不可日常使用。带子则用沉香色、真紫色的丝线编织，其余的颜色都不适宜。

## 禅灯

高丽者佳，有月灯，其光白莹如初月。有日灯，得火内照，一室皆红，小者尤可爱。高丽有俯仰莲、三足铜炉，原以置此，今不可得，别作小架架之，不可制如角灯之式。

【译文】高丽制作的禅灯最好，有月灯，其灯光洁白晶莹如新月。有日灯，灯火发出的光照得满屋皆红，小的禅灯尤其可爱。高丽有俯仰莲、三足铜炉，原来是用来放置禅灯的，现在已经没有了，只能另做小架子用来放禅灯，但不能制作成羊角灯的样式。

**香橼盘**

有古铜青绿盘，有官、哥、定窑青冬磁、龙泉大盘，有宣德暗花白盘、苏麻尼青盘、朱砂红盘，以置香橼，皆可。此种出时，山斋最不可少。然一盘四头，既板且套，或以大盘置二三十，尤俗，不如觅旧硃雕茶橐架一头，以供清玩。或得旧磁盘长样者，置二头于几案间，亦可。

【译文】香橼盘有古青绿铜盘，有官窑、哥窑、定窑的青冬瓷盘、龙泉窑的大瓷盘，有宣德窑的暗花白瓷盘、青花瓷盘、朱砂红盘，这些都可以用来放置香橼。香橼结果时，山斋中最不可少。但是一盘放四颗，既呆板又俗气，如果用大盘放二三十颗，则更俗，不如找个旧朱雕茶托在上面放一颗，以供赏玩。或者寻得古旧长瓷盘，在上面放两颗置于书案之间，这样也可以。

**如意**

古人用以指挥向往或防不测，故炼铁为之，非直美观而已。得旧铁如意，上有金银错，或隐或见，古色蒙然者，最佳。至如天生树枝、竹鞭等制，皆废物也。

【译文】如意，古人是用来指挥或者以防不测的，所以用铁铸造，不只是为了美观而已。若得到的古旧铁如意上有金银错，或隐或现，古色朦胧的，最好。至于用天然的树枝、竹根等制成的如意，都不过是废物罢了。

## 麈

古人用以清谈，今若对客挥麈，便见之欲呕矣。然斋中悬挂壁上，以备一种。有旧玉柄者，其拂以白尾及青丝为之，雅。若天生竹鞭、万岁藤，虽玲珑透漏，俱不可用。

【译文】古人手执拂尘用以清谈，现在若对客人挥舞拂尘，便会引人作呕了。然而在室内悬挂一把，作为一种收藏还是可以的。有一种拂尘柄是古玉做的，前端用白麈尾或者青色丝线制作，都很雅致。而用天然竹根、古藤制作的拂尘，虽然玲珑剔透，但都不可用。

## 钱

钱之为式甚多，详具《钱谱》。有金嵌青绿刀钱，可为签，如《博古图》等书成大套者用之。鹅眼、货布，可挂杖头。

【译文】钱币的样式很多，详细记载于《钱谱》一书。有金嵌青铜刀币，可作签，像

《博古图》等大套书可用它来做标记。鹅眼钱、货布钱，可以挂在杖头做装饰。

## 瓢

得小匾葫芦，大不过四五寸，而小者半之，以水磨其中，布擦其外，光彩莹洁，水湿不变，尘污不染，用以悬挂杖头，及树根禅椅之上，俱可。更有二瓢并生者，有可为冠者，俱雅。其长腰鹭鹚曲项，俱不可用。

**【译文】**取来小扁葫芦，大的不过四五寸，小的大约二三寸，对半剖开，加水打磨瓢的内部，用布擦拭瓢外，使其光洁晶莹，水湿不会变形，尘污不会沾染，将其悬挂在手杖上，以及树根禅椅上，都可以。还有二瓢并生的，有可作为帽子的，都很雅致。但腰部细长，形状像鹭鹚脖颈弯曲的，都不可用。

## 钵

取深山巨竹根，车旋为钵，上刻铭字或梵书，或《五岳图》，填以石青，光洁可爱。

**【译文】**取深山粗壮竹子的根部，车旋成钵，上面刻上文字、佛经或《五岳图》，填入石青，光洁可爱。

## 花瓶

古铜入土年久，受土气深，以之养花，花色鲜明，不特古色可玩而已。铜器可插花者，曰尊，曰罍，曰觚，曰壶，随花大小用之。磁器用官、哥、定窑古胆瓶、一枝瓶、小蓍草瓶、纸槌瓶，余如暗花、青花、茄袋、葫芦、细口、匾肚、瘦足、药坛及新铸铜瓶，建窑等瓶，俱不入清供。尤不可用者，鹅颈壁瓶也。古铜汉方瓶，龙泉、均州瓶，有极大高二三尺者，以插古梅，最相称。瓶中俱用锡作替管盛水，可免破裂之患。大都瓶宁瘦，无过壮，宁大，无过小，高可一尺五寸，低不过一尺，乃佳。

**【译文】**古铜花瓶因埋入土中多年，常年受地气浸润，用来养花，花色鲜亮，不只是色古香可以赏玩而已。可用于插花的铜器，有尊、罍、觚、壶，根据花束的大小酌情选用。可用于插花的瓷器有官窑、哥窑、定窑的古胆瓶、一枝瓶、小蓍草瓶、纸槌瓶，其余的像暗花瓶、青花瓶、茄袋瓶、葫芦瓶、细口瓶、匾肚瓶、瘦足瓶、药坛瓶以及新铸铜瓶，建窑瓷瓶等，都不能作为清玩摆放在案头。最不能用的，就是鹅颈壁瓶。古铜汉代方瓶，龙泉窑、均州窑烧制的瓷瓶，有一种二三尺高的瓶子，用来插梅花，最合适。瓶子中用锡制屉管盛水，可避免瓶子破裂。花瓶大多宁可瘦长，也不可太过粗壮，宁可大，不可小，瓶高在一尺到一尺五寸最合适。

## 钟磬

不可对设，得古铜秦、汉镈钟、编钟，及古灵璧石磬声清韵远者，悬之斋室，击以清耳。磬有旧玉者，股三寸，长尺余，仅可供玩。

**【译文】**钟和磬不可相对摆设，寻得秦、汉时期的古铜镈钟、编钟，以及古灵璧石制成的磬中声音清扬悠远的，悬挂在室内，敲击以净耳。有一种旧玉制成的磬，股三寸，长一尺多，只可以用来赏玩。

## 杖

鸠杖最古，盖老人多咽，鸠能治咽故也。有三代立鸠、飞鸠杖头，周身金银填嵌者，饰于方竹、笻竹、万岁藤之上，最古。杖须长七尺余，摩弄滑泽，乃佳。天台藤更有自然屈曲者，一作龙头诸式，断不可用。

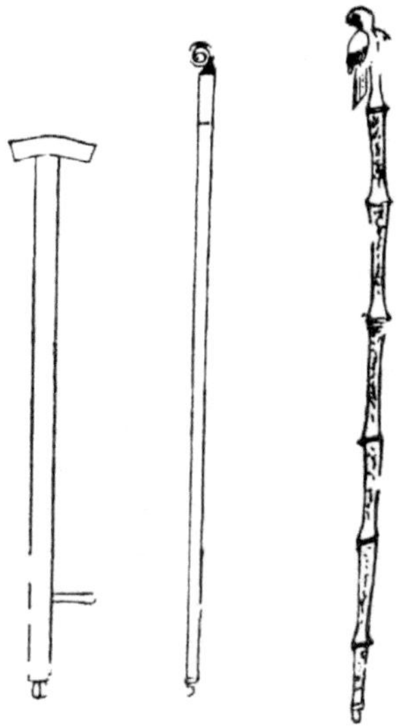

《三才图会》中的杖

**【译文】**杖头刻有鸠形的拐杖最为古老，因为老人容易咽喉梗塞，呼吸不畅，而鸠鸟能治咽喉梗塞。有夏、商、周三代的立鸠、飞鸠杖头，周身镶嵌金银，装饰在方竹、笻竹、古藤之上，最为古雅。手杖须长七尺多，打磨到光滑润泽，为最佳。天台藤中还有自然弯曲的，做成龙头等式样，就断然不可用了。

## 坐墩

冬月用蒲草为之，高一尺二寸，四面编束，细密坚实，内用木车坐板以柱托顶，外用锦饰，暑月可置藤墩，宫中有绣墩，形如小鼓，四角垂流苏者，亦精雅可用。

**【译文】**冬天用蒲草制成坐墩，高一尺二寸，四面编织，细密结实，内用木板做立柱托住顶端，外面用一层织锦作装饰。夏天可用藤墩，宫中有一种绣墩，外形像小鼓，四角垂着流苏，也很精致典雅，可以使用。

## 坐团

蒲团大径三尺者，席地快甚，棕团亦佳；山中欲远湿辟虫，以雄黄熬蜡作蜡布团，亦雅。

**【译文】** 蒲团直径约三尺，利于席地而坐，棕丝蒲团也很好；山中居住想要防潮驱虫，可用雄黄熬蜡做成蜡布蒲团，也十分雅致。

## 数珠

以金刚子小而花细者为贵，以宋做玉降魔杵、玉五供养为记总，他如人顶、龙充、珠玉、玛瑙、琥珀、金珀、水晶、珊瑚、车渠者，俱俗；沉香、伽南香者则可。尤忌杭州小菩提子，及灌香于内者。

**【译文】** 数珠以花纹细腻的小菩提子最为珍贵，以宋代的玉制降魔杵、玉制五供养作为记总，其他像人顶骨、龙鼻骨、珠玉、玛瑙、琥珀、金珀、水晶、珊瑚、车渠等做成的数珠，都很俗；沉香木、伽南香做的数珠则可用。尤其忌讳用杭州的小菩提子，及内部灌注香料的数珠。

## 番经

常见番僧佩经，或皮袋，或漆匣，大方三寸，厚寸许，匣外两傍有耳系绳，佩服中有经文，更有贝叶金书、彩画、天魔变相，精巧细密，断非中华所及，此皆方物，可贮佛室，与数珠同携。

【译文】常见西蕃僧人随身携带经书，有的拿皮袋装，有的拿漆匣装，大的三寸见方，厚一寸多，匣外两旁有耳用来系绳子，随身携带的有经文，还有贝叶金书、彩画、天魔画像，精巧细密，绝不是中土能与之相比的，这些都是外来物品，可收藏在佛堂之中，与数珠一起携带。

## 扇　扇坠

羽扇最古，然得古团扇雕漆柄为之，乃佳。他如竹篾、纸糊、竹根、紫檀柄者，俱俗。又今之折叠扇，古称聚头扇，乃日本所进，彼中今尚有绝佳者，展之盈尺，合之仅两指许，所画多作仕女、乘车、跨马、踏青、拾翠之状，又以金银屑饰地面，及作星汉人物，粗有形似，其所染青绿奇甚，专以空青、海绿为之，真奇物也。川中蜀府制以进御，有金铰藤骨，面薄如轻绡者，最为贵重。内府别有彩画、五毒、百鹤鹿、百福寿等式，差俗，然亦华绚可观。徽、杭亦有稍轻雅者。姑苏最重书画扇，其骨以白竹、棕竹、乌木、紫白檀、湘妃、眉绿等为之，间有用牙及玳瑁者，有员头、直根、绦环、结子、板板花诸式，素白金面，购求名笔图写，佳者价绝高。其匠作则有李昭、李赞、马勋、蒋三、柳玉台、沈少楼诸人，皆高手也。

纸敝墨渝，不堪怀袖，别装卷册以供玩，相沿既久，习以成风，至称为姑苏人事，然实俗制，不如川扇适用耳。扇坠夏月用伽南、沉香为之，汉玉小玦及琥珀眼掠皆可，香串、缅茄之属，断不可用。

**【译文】**扇子之中羽扇最为古老，但要配以古团扇的雕漆扇柄才更好。其他像竹篾扇、纸糊扇、竹根扇及紫檀柄扇，都很俗气。如今的折叠扇，古时称之为「聚头扇」，是从日本引进，日本如今还有极其精美的折叠扇，展开有一尺多，合拢后仅两指宽，扇面所画大多为仕女、乘车、跨马、踏青、拾翠之类，还有用金银屑装饰画中的地面，以及天上神仙的，形状大致相似，所用的青绿色颜料甚是奇特，专门用空青、海绿制成，确实是奇物。四川进献朝廷的蜀府制扇中，有一种用金属铆钉穿刺扇骨、扇面轻薄透明如绡的，最为贵重。内府制的彩画扇、五毒扇、百鹤鹿扇、百福寿扇等样式，虽显俗气，但也炫丽可观。徽州、杭州也有较为轻薄雅致的。苏州最流行的是书画扇，扇骨用白竹、棕竹、乌木、紫白檀、湘妃竹、眉绿竹等做成，偶有用象牙以及玳瑁做的，有圆头、直根、绦环、结子、板板花等样式，扇面采用素白金面，出资请求名家题字作画，品质上佳的价格极高。制作扇子的工匠有李昭、李赞、马勋、蒋三、柳玉台、沈少楼等人，都是名家。由于纸易破烂、墨易变色，不能随身携带，所以另将扇面装订成册供人赏玩，这种做法在苏州相沿已久，习以成风，以致成为当地的特色，然而这不过是一种俗气的做法，还不如四川的扇子适用。夏日里用伽南木、沉香木制作扇坠，或者用汉代的小佩玉以及琥珀掠眼都可以，香珠、缅茄之类的，绝不可使用。

## 枕

有「书枕」，用纸三大卷，状如碗，品字相叠，束缚成枕。有「旧窑枕」，长二尺五寸，阔六寸者，可用。长一尺者，谓之「尸枕」，乃古墓中物，不可用也。

**【译文】**枕头中有一种「书枕」，用三大卷纸，卷成碗的形状，按照品字堆叠，捆绑成枕。有一种「旧窑枕」，长二尺五寸，宽六寸的可以用。长一尺的，则称之为「尸枕」，是古墓中的陪葬品，不可用。

## 簟

茭蕈出满喇伽国，生于海之洲渚岸边，叶性柔软，织为「细簟」，冬月用之，愈觉温暖，夏则蕲州之竹簟最佳。

**【译文】**茭蕈草产自满喇伽国，生长在海岛岸边，叶子柔软，织成「细草席」，冬天使用，特别温暖，夏天则用蕲州的竹席最佳。

## 琴

琴为古乐，虽不能操，亦须壁悬一床。以古琴历年既久，漆光退尽，纹如梅花，黯如乌木，弹之声不沉者为贵。琴轸犀角、象牙者雅。以蚌珠为徽，不贵金玉。弦用白色柘丝，古人虽有朱弦清越等语，不如素质有天然之妙。唐有雷文、张越，宋有施木舟，元有朱致远，国朝有惠祥、高腾、祝海鹤及樊氏、路氏，皆造琴高手也。挂琴不可近风露日色，琴囊须以旧锦为之，轸上不可用红绿流苏，抱琴勿横。夏月弹琴，但宜早晚，午则汗易污，且太燥，脆弦。

**【译文】**琴是古乐器，即使不会弹琴，也须在墙上悬挂一床。古琴以历经岁月，漆光退尽，纹如梅花，色如乌木，琴声不低沉的最为珍贵。琴轸用犀角、象牙做的最为雅致。徽识用蚌珠制作，不必使用金玉。琴弦用白色柘丝制作，古人虽有朱弦清脆悠扬的说法，始终不如本色琴弦有天然之妙。唐代有雷文、张越，宋代有施木舟，元代有朱致远，本朝有惠祥、高腾、祝海鹤以及樊氏、路氏，这些都是制琴名家。不能在靠近风吹日晒的地方悬挂古琴，琴囊必须要用古织锦制作，琴轸上不可用红绿流苏，抱琴不可横抱。夏天弹琴，只适合早晚，中午出汗容易弄脏琴，而且天气干燥，琴弦变脆易断。

## 琴台

以河南郑州所造古郭公砖，上有方胜及象眼花者，以作琴台，取其中空发响，然此实宜置盆景及古石。当更制一小几，长过琴一尺，高二尺八寸，阔容三琴者，为雅。坐用胡床，两手更便运动，须比他坐稍高，则手不费力。更有紫檀为边，以锡为池，水晶为面者，于台中置水蓄鱼藻，实俗制也。

【译文】制作琴台要用河南郑州产的空心砖，其上有方胜、象眼花纹，这是利用其中空能使琴声更响的特点，但这种台子其实更适合放置盆景以及山石。应该另外准备一个小几作为琴台，长比琴身多一尺，高二尺八寸，宽可容纳三床琴，这样最为雅致。坐凳使用胡床，两手更便于弹琴，要比一般的坐凳稍高，这样手不费力。还有一种用紫檀镶边，用锡做水池，用水晶做台面的琴台，在琴台中蓄水养鱼，这种做法实在俗气。

## 研

研以端溪为上，出广东肇庆府，有新旧坑、上下岩之辨，石色深紫，衬手而润，叩之清远，有重晕、青绿、小鸜鹆眼者为贵；其次色赤，呵之乃润；更有纹慢而大者，乃西坑石，不甚贵也。又有天生石子，温润如玉，摩之无声，发墨而不坏笔，真希世之珍。有无眼而佳者，若白端、青绿端，非眼不辨。黑端出湖广辰、沅二州，亦有小眼，但石质粗燥，非端石也。更有一种出婺源歙山、龙尾溪，亦有新旧二坑，南唐时开，至北宋已取尽，故旧砚非宋者，皆此石。石有金银星及罗纹、刷丝、眉子，青黑者尤贵。黎溪石出湖广常德、辰州二界，石色淡青，内深紫，有金线及黄脉，俗所谓紫袍、金带者是。洮溪研出陕西临洮府河中，石绿色，润如玉。衢研出衢州开化县，有极大者，色黑。熟铁研出青州，古瓦研出相州，澄泥研出虢州。研之样制不一，宋时进御有玉台、凤池、玉环、玉堂诸式，今所称贡研，世绝重之。以高七寸，阔四寸，下可容一拳者为贵，不知此特进奉一种，其制最俗。余所见宣和旧研有绝大者，有小八棱者，皆古雅浑朴。别有圆池、东坡瓢形、斧形、端明诸式，皆可用。葫芦样稍俗，至如雕镂二十八宿、鸟、兽、龟、龙、天马，及以眼为七星形，剥落研质，嵌古铜玉器于中，皆入恶道。研须日涤，去其积墨败水，则墨光莹泽，惟研池边斑驳墨迹，久浸不浮者，名曰墨锈，不可磨去。研，用则贮水，毕则干之。涤砚用莲房壳，去垢起滞，又不伤研。大忌滚水磨墨，茶酒俱不可，尤不宜令顽童持洗。研匣宜用紫黑二漆，不可用五金，盖金能燥石。至如紫檀、乌木及雕红、彩漆，俱俗，不可用。

**【译文】**砚台以端溪砚石制作的为上品，出自广东肇庆府，称为端砚，有新旧坑、上下岩的区别，以石色深紫、触感温润、敲击声清亮悠远，有重晕、颜色青绿、有鸟眼大小的圆形斑点的最为珍贵；其次是颜色赤红、对着呵气会湿润的；还有一种纹理粗大的，叫西坑石，不太贵重。又有一种天然石子，温润如玉，研磨无声，磨墨易浓富有光泽而不损坏笔，真是稀世珍品。也有无眼却品质上佳的砚台，像白端、青绿端，不能根据是否有眼来辨别优劣。黑端出自湖广辰州、沅州两地，也有小眼，但石质粗糙干燥，不算是端石。还有一种出自婺源歙山、龙尾溪的砚石，也有新旧两坑，南唐时开始开采，到北宋时已经采尽，所以所谓的旧砚并非宋代所产，而是这里的砚石。砚石上有金银星以及罗纹、刷丝、眉子等花纹，其中青黑色的尤其珍贵。黎溪石出自湖广常德、辰州两地，砚石表面淡青，内中深紫，有金色线状纹理，俗称紫袍、金带。洮溪砚出自陕西临洮府的河中，砚石为绿色，温润如玉。衢砚出自衢州开化县，有外形极大的黑色砚石。熟铁砚出自青州，古瓦砚出自相州，澄泥砚出自虢州。砚台的形制各异，宋代进献给皇帝的有玉台、凤池、玉环、玉堂等样式，即现今所称的「贡砚」，世人大都很看重。贡砚以高七寸、宽四寸、下面可容纳一只拳头的最为珍贵，不知道这种要求而进奉的另一种砚台，其形制就很俗气。我见过的宣和古砚有外形极大的，有小八棱形的，都古雅厚重、朴实无华。另外还有圆池、东坡瓢形、斧形、端明等样式的，都可使用。葫芦形状的稍显俗气，至于像雕镂二十八星宿、鸟、兽、龟、龙、天马，以及石眼是七星形状的，还有剥落部分砚石，镶嵌上古铜玉器的，都落入俗道。砚台必须每天清洗，洗去积存的墨汁，这样新墨才会明亮润泽，只有砚池边墨迹斑驳，浸泡长久不会上浮的，名叫「墨锈」，不可清除。使用砚台的时候才盛水，用完后就要把余墨倒掉。清洗砚台要使用莲蓬壳，既容易去除污垢洗掉滞墨，又不损伤砚台。特别忌讳用开水研墨，茶水、酒水都不可以，尤其不要让顽童清洗砚台。砚台匣适宜用紫漆或者黑漆木匣，不可用金属的，因为金属会使砚石干燥。至于紫檀木、乌木以及雕红、彩漆的匣子，都很俗气，不可使用。

## 笔

尖、齐、圆、健，笔之四德，盖毫坚则尖，毫多则齐，用檾贴衬得法，则毫束而圆，用纯毫附以香狸、角水得法，则用久而健，此制笔之诀也。古有金银管、象管、玳瑁管、玻璃管、镂金、绿沉管，近有紫檀、雕花诸管，俱俗不可用。惟斑管最雅，不则竟用白竹。寻丈书笔，以木为管，亦俗。当以笻竹为之，盖竹细而节大，易于把握。笔头式须如尖笋、细腰、葫芦诸样，仅可作小书，然亦时制也。画笔，杭州者佳。古人用笔洗，盖书后即涤去滞墨，毫坚不脱，可耐久。笔败则瘗之，故云败笔成塚，非虚语也。

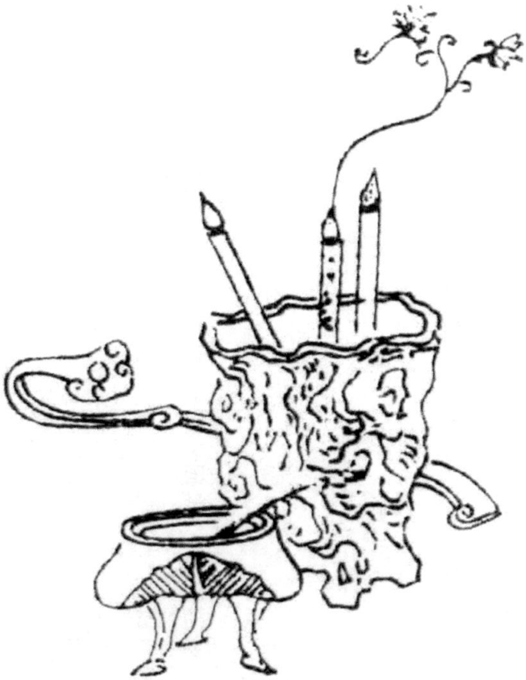

《十竹斋画谱·笔花》

**【译文】** 尖、齐、圆、健，是毛笔的四德。因为毫毛坚硬，笔锋则尖锐；毫毛较多，笔则整齐；用苘麻垫衬毫毛得当，笔头则浑圆；用纯净毫毛添加香狸油、胶水制作得法，笔则耐用而富有弹性，这是制作毛笔的要诀。古代的笔管有金银管、象牙管、玳瑁管、玻璃管、镂金管、绿沉管，近些年有紫檀、雕花等笔杆，都俗不可耐。只有斑竹制的笔杆最为雅致，否则的话就用白竹。寻丈大笔，用木材制作笔杆，也很俗气。应当用笻竹制作，因为此竹细并且竹节大，易于把握。笔头的样式若像尖笋、细腰、葫芦等样子，仅可用来写小字，但也是现在流行的形制。画笔，以杭州产的品质最好。古人用笔洗，是因为书写之后就要立即洗去残余的墨汁，这样笔毫就能保持坚硬不脱落，持久耐用。笔用坏了就埋起来，所以常说败笔成家，这话一点儿不虚。

## 墨

墨之妙用，质取其轻，烟取其清，嗅之无香，摩之无声，若晋、唐、宋、元书画，皆传数百年，墨色如漆，神气完好，此佳墨之效也。故用墨必择精品，且日置几案间，即样制亦须近雅，如朝官、魁星、宝瓶、墨玦诸式，即佳亦不可用。宣德墨最精，几与宣和内府所制同，当蓄以供玩，或以临摹古书画，盖胶色已退尽，惟存墨光耳。唐以奚廷珪为第一，张遇第二。廷珪至赐国姓，今其墨几与珍宝同价。

【译文】品质上佳的墨，质地轻，墨色清，闻之无香，研磨无声，像晋、唐、宋、元时期的书画，都历经数百年，依旧墨色如漆，神气完好，这都是上好墨的功效。所以用墨必须选择精品，并且因为墨每天都放于书案之间，所以形制也要尽量雅致，像朝官、魁星、宝瓶、墨玦等样式，即使墨色很好也不可用。宣德墨最好，几乎和宋代宣和年间内府制的墨相同，应当收藏一些以供赏玩，或者用来临摹古书画，因为墨的胶色已经褪尽，只留下墨光了。唐代以奚廷珪制的墨为第一，张遇制的墨第二。廷珪被皇帝赐予国姓，他制的墨现在几乎和珍宝同价。

## 纸

古人杀青为书，后乃用纸。北纸用横帘造，其纹横，其质松而厚，谓之侧理。南纸用竖帘，二王真迹，多是此纸。唐人有硬黄纸，以黄蘖染成，取其辟蠹。蜀妓薛涛为纸，名十色小笺，又名蜀笺。宋有澄心堂纸，有黄白经笺，可揭开用。有碧云春树、龙凤、团花、金花等笺，有匹纸长三丈至五丈，有彩色粉笺及藤白、鹄白、蚕茧等纸。元有彩色粉笺、蜡笺、黄笺、花笺、罗纹笺，皆出绍兴，有白箓、观音、清江等纸，皆出江西。山斋俱当多蓄以备用。国朝连七、观音、奏本、榜纸，俱不佳。惟大内用细密洒金五色粉笺，坚厚如板，面砑光如白玉，有印金花五色笺，有青纸如段素，俱可宝。近吴中洒金纸，松江谭笺，俱不耐久，泾县连四最佳。高丽别有一种，以绵茧造成，色白如绫，坚韧如帛，用以书写，发墨可爱，此中国所无，亦奇品也。

**【译文】**古人在刮去青皮的竹简上写字，后来才使用纸张书写。北纸用横帘制作，纸纹是横向的，纸质疏松厚实，称之为「侧理」。南纸用竖帘制作，王羲之、王献之的真迹，大多用的是这种纸。唐代有硬黄纸，用黄蘖染色制成，因为它能驱虫。唐代四川名妓薛涛制作的纸笺，名为「十色小笺」，又叫「蜀笺」。宋代有澄心堂纸，有黄白经笺，可以揭开使用。有碧云春树、龙凤、团花、金花等笺，有匹纸长三到五丈，有彩色粉笺以及藤白、鹄白、蚕茧等纸。元代有彩色粉笺、蜡笺、黄笺、花笺、罗纹笺，都产自绍兴，有白箓、观音、清江等纸，都产自江西。山中居室应当多储存一些备用。本朝的连七、观音、奏本、榜纸，都品质不佳。只有宫中用的细密洒金五色粉笺，质地坚硬厚实像纸板一样，表面紧密光亮像白玉一样，有印金花的五色笺，有像素色绸缎的青纸，都值得珍藏。近些年吴中的洒金纸，松江的谭笺，都不耐用，泾县的连四纸最佳。高丽有一种纸，用绵茧制造而成，纸白如绫，坚韧如帛，用来书写，发墨可爱，这种是中国没有的，也是珍奇纸品。

## 剑

今无剑客，故世少名剑，即铸剑之法亦不传。古剑铜铁互用，陶弘景《刀剑录》所载有：「屈之如钩，纵之直如弦，铿然有声者」，皆目所未见。近时莫如倭奴所铸，青光射人。曾见古铜剑，青绿四裹者，蓄之，亦可爱玩。

**【译文】**如今已经没有剑客了，所以世上名剑也很少出现，铸剑的方法也已失传。古剑铜铁互用，陶弘景的《刀剑录》中记载：「弯曲如钩，伸直如弦，铿然有声」，这些都从来没见过。如今没有能比得过日本所铸的剑，寒光逼人。我曾见过古铜剑，周身布满青绿色的铜锈，收藏起来，也可供赏玩。

## 印章

以青田石莹洁如玉、照之灿若灯辉者为雅。然古人实不重此，五金、牙、玉、水晶、木、石皆可为之，惟陶印则断不可用，即官、哥、冬青等窑，皆非雅器也。古鋈金、镀金、细错金银、商金、青绿、金玉、玛瑙等印，篆刻精古，钮式奇巧者，皆当多蓄，以供赏鉴。印池以官、哥窑方者为贵，定窑及八角、委角者次之，青花白地、有盖、长样俱俗。近做周身连盖滚螭白玉印池，虽工致绝伦，然不入品。所见有三代玉方池，内外土锈血侵，不知何用，今以为印池，甚古，然不宜日用，仅可备文具一种。图书匣以豆瓣楠、赤水、椤为之，方样套盖，不则退光素漆者亦可用，他如剔漆、填漆、紫檀镶嵌古玉、及毛竹、攒竹者，俱不雅观。

【译文】印章以青田石莹洁如玉、经日光照射后灿烂如灯光的最为雅致。但古人实际上并不看重这种印章，五金、象牙、玉、水晶、木材、石材都可以用来篆刻印章，只有陶瓷印章绝对不可使用，即使是官窑、哥窑、冬青窑的瓷器，也不是雅器。古鎏金、镀金、细错金银、商金、青绿、金玉、玛瑙等印章，篆刻精致古雅，印纽样式新奇精巧的，都应当多多收藏，以供鉴赏。印泥缸以官窑、哥窑的方瓷盒最为珍贵，定窑以及八角形、委角的次之，青花白地、带盖的、长形的都很俗气。近年有一种做成周身滚螭带盖的白玉印池，虽然极其工巧精致，但不入流。我见过夏、商、周三代的玉方池，内外都有土锈血侵，不知当年是做什么的，现在用作印泥缸，甚是古雅，但不适合日常使用，只可以作为一种文具收藏。图书盒子以豆瓣楠、赤水木、椤木做成带盖的成套方盒，不然做成退光素漆的也可以，其他像剔漆、填漆、紫檀镶嵌古玉，以及毛竹、攒竹的盒子，都不够雅观。

## 文具

文具虽时尚，然出古名匠手，亦有绝佳者。以豆瓣楠、瘿木及赤水、椤为雅，他如紫檀、花梨等木，皆俗。三格一替，替中置小端砚一，笔觇一，书册一，小砚山一，宣德墨一，倭漆墨匣一。首格置玉秘阁一，古玉或铜镇纸一，宾铁古刀大小各一，古玉柄棕帚一，笔船一，高丽笔二枝。次格古铜水盂一，糊斗、蜡斗各一，古铜水杓一，青绿鎏金小洗一。下格稍高，置小宣铜彝炉一，宋剔合一，倭漆小撞、白定或五色定小合各一，矮小花尊或小觯一，图书匣一，中藏古玉印池、古玉印、鎏金印绝佳者数方，倭漆小梳匣一，中置玳瑁小梳及古玉盘匜等器，古犀玉小杯二，他如古玩中有精雅者，皆可入之，以供玩赏。

【译文】文具虽然是流行的用具，但出自古代名匠之手的，也有品质极佳的。用豆瓣楠、瘿木以及赤水、椤木做的都很雅致，其他的像紫檀、花梨等做的，都很俗气。三层为一屉，屉中放置一方小端砚，一个笔觇，一卷书册，一个小砚山，一块宣德墨，一个倭漆墨匣。第一格放置一个玉秘阁，一块古玉或者一个铜镇纸，宾铁古刀大小各一把，一把古玉柄棕帚，一个笔船，两枝高丽笔。第二格放置一个古铜水盂，糊斗、蜡斗各一个，一个古铜水杓，一个鎏金青绿铜笔洗。第三格稍高些，放置一个小宣铜彝炉，一个宋代剔红漆盒，日本漆提盒、定窑白瓷或者五色瓷小盒各一个，一个矮小花酒尊或小酒觯，一个图书匣，内中装几方品质极佳的古玉印泥缸、古玉印、鎏金印，一个日本漆小梳匣，内中放置玳瑁小梳子以及古玉盘匜等用具，两个古犀玉小杯，其他精巧雅致的古玩，都可以放入，以供赏玩。

## 梳具

以瘿木为之，或日本所制，其缠丝、竹丝、螺钿、雕漆、紫檀等，俱不可用。中置玳瑁梳、玉剔帚、玉缸、玉合之类，即非秦、汉间物，亦以稍旧者为佳。若使新俗诸式阑入，便非韵士所宜用矣。

【译文】梳具要用楠木树根制作，或者是日本所制，其他像缠丝、竹丝、螺钿、雕漆、紫檀等做的，都不可用。至于其中放置的玳瑁梳、玉剔帚、玉缸、玉盒等梳具，即使不是秦汉时期的古物，也要以稍有年代的为佳。如果收入的是一些时下流行的俗物，就不适合风雅之士使用了。

## 海论　铜玉雕刻窑器

三代秦汉人制玉，古雅不凡，即如子母螭、卧蚕纹、双钩碾法，宛转流动，细入毫发，涉世既久，土锈血侵最多，惟翡翠色、水银色，为铜侵者，特一二见耳。玉以红如鸡冠者为最，黄如蒸栗、白如截肪者次之。黑如点漆、青如新柳、绿如铺绒者又次之。今所尚翠色，通明如水晶者，古人号为碧，非玉也。玉器中圭璧最贵，鼎、彝、觚、尊、杯注、环玦次之，钩束、镇纸、玉璏、充耳、刚卯、瑱珈、珌琫、印章之类又次之，琴剑觿佩、扇坠又次之。铜器：鼎、彝、觚、尊、敦、鬲最贵，匜、卣、罍、觯次之，簠簋、钟注、歃血盆、奁花囊之属又次之。三代之辨：商则质素无文，周则雕篆细密，夏则嵌金、银，细巧如发。款识少者一二字，多则二三十字，其或二三百字者，定周末先秦时器。篆文：夏用鸟迹，商用虫鱼，周用大篆，秦以大小篆，汉以小篆。三代用阴款，秦、汉用阳款，间有凹入者，或用刀刻如镌碑，亦有无款者，盖民间之器，无功可纪，不可遽谓非古也。有谓铜器入土久，土气湿蒸，郁而成青，入水久，水气卤浸，润而成绿，然亦不尽然，第铜性清莹不杂，易发青绿耳。铜色：褐色不如朱砂，朱砂不如绿，绿不如青，青不如水银，水银不如黑漆，黑漆最易伪造，余谓必以青绿为上。伪造有冷冲者，有屑凑者，有烧斑者，皆易辨也。窑器：柴窑最贵，世不一见，闻其制，青如天，明如镜，薄如纸，声如磬，未知然否？官、哥、汝窑以粉青色为上，淡白次之，油灰最下。纹：取冰裂、鳝血、铁足为上，梅花片、黑纹次之，细碎纹最下。官窑隐纹如蟹爪，哥窑隐纹如鱼子，定窑以白色而加以泑水如泪痕者佳，紫色、黑色俱不贵。均州窑色如胭脂者为上，青若葱翠、紫若墨色者次之，杂色者不贵。龙泉窑甚厚，不易茅蔑，第工匠稍拙，不甚古雅。宣窑冰裂、鳝血纹者，与官、哥同，隐纹如橘皮、红花、青花者，俱鲜彩夺目，堆垛可爱。又有元烧枢府字号，亦有可取。至于永乐细款青花杯、成化五彩葡萄杯及纯白薄如玻璃者，今皆极贵，实不甚雅。雕刻精妙者，以宋为贵，俗子辄论金银胎，最为可笑，盖其妙处在刀法圆熟，藏锋不露，用朱极鲜，漆坚厚而无敲裂，所刻山水、楼阁、人物、鸟兽，皆俨若图画，为佳绝耳。元时张成、杨茂二家，亦以此技擅名一时。国朝果园厂所制，刀法视宋尚隔一筹，然亦精细。至于雕刻器皿，宋以詹成为首，国朝则夏白眼擅名，宣庙绝赏之。吴中如贺四、李文甫、陆子冈，皆后来继出高手，第所刻必以白玉、琥珀、水晶、玛瑙等为佳器，若一涉竹木，便非所贵。至于雕刻果核，虽极人工之巧，终是恶道。

**【译文】**夏、商、周三代以及秦、汉时期的玉器，古雅不凡，像子母螭、卧蚕纹、双钩碾法，宛转灵动，细入毫发，历经岁月，大多带有土锈血侵，只有翡翠色、水银色，有铜侵痕迹的，很少见。玉以红如鸡冠的品质最好，黄如蒸熟的栗子、白如切开的脂肪的品质次之，黑如点漆、青如新柳、绿如铺绒的品质再次之。如今所崇尚的翠色，通透如水晶的，古人称之为碧，并不是玉。玉器中圭璧最为贵重，鼎、彝、觚、尊、杯注、环玦次之，钩束、镇纸、玉璏、充耳、刚卯、瑱珈、琫珌、印章之类又次之，琴剑觿佩、扇坠更次之。铜器：以鼎、彝、觚、尊、敦、鬲最为贵重，匜、卣、罍、觯次之，簠簋、钟注、歃血盆、奁花囊之类又次之。夏、商、周三代铜器的区别：商代的质朴无文，周代的雕篆细密，夏代的镶嵌金、银，细巧如发。款识少的有一二字，多的有二三十字，甚至有二三百字的，一定是周末先秦时期的铜器。篆文：夏代用鸟迹，商代用虫鱼，周代用大篆，秦代用大小篆，汉代用小篆。夏、商、周三代用阴文，秦、汉用阳文，偶尔也用阴文，或用刀刻如镌碑，也有没款识的，大概是民间的器物，没有值得记载的功绩，不可以因此就说这不是古物。有人说铜器埋入地下时间久了，土气湿蒸郁结，形成青色，浸入水中时间久了，水气浸染湿润，形成绿色，但也并非完全如此，只是铜性洁净纯正，容易生发青绿铜锈罢了。铜色：褐色不如朱砂色，朱砂色不如绿色，绿色不如青色，青色不如水银色，水银色不如黑漆色，黑漆色最容易伪造，由此我认为定要以青绿色的为上品。伪造有用冷冲的，有用屑凑的，有用火烧成斑的，都很容易分辨。窑器：柴窑产的最为珍贵，世上难得一见，听说柴窑的瓷器，色青如天，光滑如镜，轻薄如纸，声如钟磬，不知是不是真的如此？官窑、哥窑、汝窑产的以粉青色为上品，淡白色的次之，油灰色的最差。纹理：以有冰裂纹、鳝血纹、铁足纹的为上品，有梅花片纹、黑纹的次之，有细碎纹的品质最差。官窑的暗纹像蟹爪，哥窑的暗纹像鱼子，定窑以白色带有像泪痕的釉水为佳，紫色的和黑色的都不算珍贵。均州窑瓷以颜色像胭脂的为上品，青如葱翠、紫如墨色的次之，杂色的不值钱。龙泉窑瓷很厚实，不易破损剥落，只是工艺不行，不够古雅。宣窑瓷上有冰裂纹、鳝血纹的，与官窑、哥窑的相同，暗纹像橘皮、红花、青花的，都鲜艳夺目，堆积成垛，十分可爱。还有元代烧制的枢府字号的瓷器，也有可取的。至于永乐年间的细款青花杯、成化年间的五彩葡萄杯以及纯白薄如琉璃的瓷器，如今都极其贵重，其实不是很雅致。雕刻精妙的，以宋代的为贵，俗人崇尚金银胎的，最为可笑，因为宋代雕刻的妙处在于刀法娴熟，藏锋不露，朱漆鲜红，漆层坚硬厚实而难以敲裂，所刻的山水、楼阁、人物、鸟兽，都宛如图画，极为绝妙。元代的张成、杨茂，也以这项技艺名噪一时。本朝果园厂所制的雕漆，刀法比起宋代的尚逊一筹，但也算精细。至于雕刻器皿，宋代以詹成的雕刻为首，本朝则以夏白眼的雕刻最负盛名，宣宗年间备受推崇。至于吴中像贺四、李文甫、陆子冈，都是后来出现的高手，但都以白玉、琥珀、水晶、玛瑙等器皿的雕刻为佳，一旦涉及雕刻竹木，就不算贵重了。至于雕刻果核，虽然极尽人工之精巧，但终归还是不入流。

長物志卷八　　明　文震亨　撰

## 位置

位置之法煩簡不同寒暑各異高堂廣榭曲房奥室各有所宜即如圖書鼎彛之屬亦須安設得所方如圖畫雲林清秘高梧古石中僅一几一榻令人想見其風致真令神骨俱冷故韻士所居入門便有一種高雅絶俗之趣若使前堂養鷄牧豕而後庭侈言澆花洗石政不如凝塵滿案環堵四壁猶有一種蕭寂氣味耳志位置第十

### 坐几

天然几一設於室中左偏東向不可迫近窻檻以逼風

日几上置舊研一筆筒一筆覘一水中丞一研山一古人置研俱在左以墨光不閃眼且於燈下更宜書冊鎮紙各一時時拂拭使其光可鑒乃佳

坐具

湘竹榻及禪椅皆可坐冬月以古錦製縟或設皋比俱可

椅榻屏架

齋中僅可置四椅一榻他如古須彌座短榻矮几壁几之類不妨多設忌靠壁平設數椅屏風僅可置一面書架及櫥俱列以置圖史然亦不宜太雜如書肆中

懸畫

懸畫宜高齋中僅可置一軸於上若懸兩壁及左右

對列最俗長畫可挂高壁不可用挨畫竹曲挂畫卓可置
奇石或時花盆景之屬忌置朱紅漆等架堂中宜挂大
幅横披齋中宜小景花鳥若單條扇面斗方挂屏之類
俱不雅觀畫不對景其言亦謬

置鑪

于日坐几上置倭臺几方大者一上置鑪一香盒大者
一置生熟香小者二置沉香香餅之類筯瓶一齋中不
可用二鑪不可置於挨畫卓上及瓶盒對列夏月宜用
磁鑪冬月用銅鑪

置缾

隨瓶製置大小倭几之上春冬用銅秋夏用磁堂屋宜
大書屋宜小貴銅瓦賤金銀忌有環忌成對花宜瘦巧

不宜煩雜若插一枝須擇枝柯奇古二枝須高下合插
亦止可一二種過多便如酒肆惟秋花插小瓶中不論
供花不可閉牕户焚香煙觸即萎水仙尤甚亦不可供
於畫卓上

小室

几榻俱不宜多置但取古製狹邊書几一置於中上設
筆硯香合薰鑪之屬俱小而雅別設石小几一以置茗
甌茶具小榻一以供偃卧趺坐不必挂畫或置古奇石
或以小佛橱供鎏金小佛於上亦可

卧室

地屏天花板雖俗然卧室取乾燥用之亦可第不可彩
畫及油漆耳面南設卧榻一榻後別留半室人所不至

以置薰籠衣架盥匜廂奩書燈之屬榻前僅置一小几不設一物小方杌二小櫥一以置藥玩器室中精潔雅素一涉絢麗便如閨閣中非幽人眠雲夢月所宜矣更須穴壁一貼為壁牀以供連牀夜話下用抽替以置履襪庭中亦不須多植花木第取異種宜秘惜者置一株于中更以靈璧英石伴之

## 亭榭

亭榭不蔽風雨故不可用佳器俗者又不可耐須得舊漆方面粗足古朴自然者置之露坐宜湖石平矮者散置四傍其石墩瓦墩之屬俱置不用尤不可用朱架架官磚于上

## 敞室

長夏宜敞室盡去窗檻前梧後竹不見日色列木几極長大者于正中兩傍置長榻無屏者各一不必挂畫蓋佳畫夏日易燥且後壁洞開亦無處宜懸挂也北牕設湘竹榻置簟于上可以高臥几上大硯一青緑水盆一尊彝之屬俱取大者置建蘭一二盆于几案之側奇峯古樹清泉白石不妨多列湘簾四垂望之如入清涼界中

## 佛室

内供烏絲藏佛一尊以金鏒甚厚慈容端整妙相具足者為上或宋元脫紗大士像俱可用古漆佛櫥若香象唐象及三尊並列接引諸天等象號曰一堂并朱紅小木等櫥皆僧寮所供非居士所宜也長松石洞之下得

古石像最佳案頭以舊磁淨瓶獻花淨碗酌水石鼎爇印香夜燃石燈其鐘磬幡幢几榻之類次第鋪設俱戒纖巧鐘磬尤不可並列用古倭漆經廂以盛梵典庭中列施食臺一幡竿一下用古石蓮座石幢一幢下植雜草花數種石須古製不則亦以水蝕之

# 卷八　位置

位置之法，烦简不同，寒暑各异，高堂广榭，曲房奥室，各有所宜，即如图书鼎彝之属，亦须安设得所，方如图画。云林清秘，高梧古石中，仅一几一榻，令人想见其风致，真令神骨俱冷。故韵士所居，入门便有一种高雅绝俗之趣。若使前堂养鸡牧豕，而后庭侈言浇花洗石，政不如凝尘满案，环堵四壁，犹有一种萧寂气味耳。志《位置第十》。

【译文】空间布局的方法，繁简不同，寒暑各异，高堂广榭，深宅内室，各不相同，即使是图书和鼎彝之类，也需布置得当，才能做到像图画一样协调。元代画家倪瓒的居所，位于高树古石之间，仅设一几一榻，却令人联想到他的风采神韵，顿觉神骨俱冷。所以文人雅士的居所，一进门就有一种高雅绝俗的韵味。如果在前庭养鸡放猪，那么后院就不可能种花洗石，倒不如案几上满是尘土，家徒四壁，反而有一种萧寂的意味。记《位置第十》。

## 坐几

天然几一，设于室中左偏东向，不可迫近窗槛，以逼风日。几上置旧研一，笔筒一，笔觇一，水中丞一，研山一。古人置研，俱在左，以墨光不闪眼，且于灯下更宜，书册镇纸各一，时时拂拭，使其光可鉴，乃佳。

【译文】天然几应该摆放在室中东面偏左的位置，不要太靠近窗户，以免风吹日晒。

案上放一个旧砚台，一个笔筒，一个笔觇，一个水中丞，一个砚山。古人放置砚台，都在左边，可以避免墨汁反光晃眼，在灯下书写时更是如此，书册、镇纸各一个，时时擦拭，使其光可鉴人，如此最佳。

## 坐具

湘竹榻及禅椅皆可坐，冬月以古锦制缛，或设皋比，俱可。

**【译文】**湘竹榻和禅椅都可作座椅，冬天用古锦做成坐垫，或者铺上虎皮，都可以。

## 椅榻屏架

斋中仅可置四椅一榻，他如古须弥座、短榻、矮几、壁几之类，不妨多设，忌靠壁平设数椅，屏风仅可置一面，书架及橱俱列以置图史，然亦不宜太杂，如书肆中。

**【译文】**斋舍只能放置四把椅子、一张卧榻，其他像须弥座、短榻、矮几、壁几之类，可以多放，但是忌讳靠墙并排摆放多把椅子，屏风只能放置一面，可以同时摆置书架及橱柜，用来陈设图书典籍，但也不适宜摆得太杂，好像书店那样。

## 悬画

悬画宜高，斋中仅可置一轴于上，若悬两壁及左右对列，最俗。长画可挂高壁，不可用挨画竹曲挂。画桌可置奇石，或时花盆景之属，忌置朱红漆等架。堂中宜挂大幅横披，斋中宜小景花鸟；若单条、扇面、斗方、挂屏之类，俱不雅观。画不对景，其言亦谬。

【译文】字画宜悬挂到高处，室内只能悬挂一幅字画，如果挂在两壁且左右对称，最为俗气。长幅画应该挂在墙壁高处，不可用细竹曲挂。画桌上可以摆放奇石，或者当季的盆景花卉之类，忌讳摆放朱红漆架子。厅堂中适宜悬挂大幅横披，斋舍中适宜挂小景画、花鸟画；像单条、扇面、斗方、挂屏之类的，都不够雅观。如果挂的画与室内陈设不协调，反倒适得其反了。

## 置炉

于日坐几上置倭台几方大者一，上置炉一；香盒大者一，置生、熟香；小者二，置沉香、香饼之类；筯瓶一。斋中不可用二炉，不可置于挨画桌上，及瓶盒对列。夏月宜用磁炉，冬月用铜炉。

【译文】在日常的坐几上放置一个大的日式小几，上面放置一个炉子；一个大香盒，内放生香、熟香；两个小香盒，内放沉香、香饼之类；一个箸瓶。一个斋舍中不可用两个炉子，也不可放在靠近挂画的桌子上，瓶子和盒子不可对列。夏天宜用陶瓷炉，冬天宜用铜炉。

## 置瓶

随瓶制置大小倭几之上，春冬用铜，秋夏用磁；堂屋宜大，书屋宜小，贵铜瓦，贱金银，忌有环，忌成对。花宜瘦巧，不宜烦杂。若插一枝，须择枝柯奇古，二枝须高下合插，亦止可一、二种，过多便如酒肆；惟秋花插小瓶中不论。供花不可闭窗户焚香，烟触即萎，水仙尤甚。亦不可供于画桌上。

【译文】根据瓶子的制式摆放在大小不同的日式小几之上，春冬两季用铜瓶，秋夏两季用瓷瓶；堂屋适宜放置大瓶，书房适宜放置小瓶，以铜瓶、瓷瓶为贵，以金瓶、银瓶为贱，忌讳瓶上有环，忌讳成对摆放。瓶中的插花要选取纤细精巧的，不要繁密杂乱的。如果只插一枝花，必须选择奇特古雅的枝条，如果插两枝花则必须选择高低错落的，瓶中也只能插一、两种花，过多就会像酒肆一样；只有秋花插入小瓶可以不论数量。插花的房间不可以关窗焚香，鲜花碰到烟就会立即枯萎，水仙尤其如此。插花也不可摆放在画桌上。

## 小室

几榻俱不宜多置，但取古制狭边书几一，置于中，上设笔砚、香合、薰炉之属，俱小而雅。别设石小几一，以置茗瓯茶具；小榻一，以供偃卧趺坐。不必挂画，或置古奇石，或以小佛橱供鎏金小佛于上，亦可。

【译文】小室之内小几和卧榻都不宜多置，只需放置一个古式窄边书几，上面摆放笔砚、香盒、薰炉之类用具，都要小巧雅致。再放置一个石制小几，用来摆放茶具；一张小榻，用来躺卧休息。小室之内不必挂画，或摆放古奇石，或用小佛橱供奉镀金小佛像，都可以。

## 卧室

地屏天花板虽俗，然卧室取干燥，用之亦可，第不可彩画及油漆耳。面南设卧榻一，榻后别留半室，人所不至，以置薰笼、衣架、盥匜、厢奁、书灯之属。榻前仅置一小几，不设一物，小方杌二，小橱一，以置药、玩器。室中精洁雅素，一涉绚丽，便如闺阁中，非幽人眠云梦月所宜矣。更须穴壁一，贴为壁牀，以供连床夜话，下用抽替以置履袜。庭中亦不须多植花木，第取异种宜秘惜者，置一株于中，更以灵璧、英石伴之。

**【译文】**卧室内铺设地板和天花板虽然俗气，但为了保持卧室干燥，也是可以使用的，只是不可在上面装饰彩画和油漆之类。在朝南的方向放置一张卧榻，卧榻后面留出半间屋子，一般不让人进去，用来放置薰笼、衣架、盥匜、厢奁、书灯之类物品。卧榻前只需摆放一个小几，几上不要摆放任何东西，再放置两个小方凳，一个小橱，用来放置药物和玩器。卧室内要精致洁净、高雅质朴，一旦装饰得过于华丽，便像女儿家的闺阁，不适合幽居之人居住了。还要在墙上凿一个墙洞，作为壁床，可以用来拼床夜聊，下面设置抽屉用来收纳鞋袜。室内也不需要移植很多花木，只需寻找奇花异草，种上一棵，再配上灵璧石、英石就行了。

## 亭榭

亭榭不蔽风雨，故不可用佳器，俗者又不可耐，须得旧漆、方面、粗足、古朴自然者置之。露坐，宜湖石平矮者，散置四傍，其石墩、瓦墩之属，俱置不用，尤不可用朱架架官砖于上。

【译文】亭阁台榭不能遮风避雨，因此内置的器具不可使用特别贵重的，但粗俗的器具又不能使用，应置备一些旧漆、方形、粗足、古朴自然的家具。露天的坐凳，应当选用低矮平坦的太湖石，散置四周，其他石墩、瓷墩之类，都不可用，尤其不可在朱红架子上铺官窑砖做坐凳。

## 敞室

长夏宜敞室，尽去窗槛，前梧后竹，不见日色，列木几极长大者于正中，两傍置长榻无屏者各一。不必挂画，盖佳画夏日易燥，且后壁洞开，亦无处宜悬挂也。北窗设湘竹榻，置簟于上，可以高卧。几上大砚一，青绿水盆一，尊彝之属，俱取大者。置建兰一二盆于几案之侧。奇峰古树，清泉白石，不妨多列。湘帘四垂，望之如入清凉界中。

【译文】漫漫夏日应该敞开屋子，把窗户、窗栏全部拆除，屋前种上梧桐树、屋后种上竹林，树荫蔽日不见阳光，在屋子正中放置一个特别长、特别大的木几，两边各放一张无屏的长榻。墙上不用挂画，因为好画在夏天容易干燥受损，况且后墙洞开，也没有合适的地方

悬挂。北窗下放置一张湘竹榻，上面铺上竹席，可以高枕躺卧。书案上摆放一个大砚台，一个青绿水盆，尊、彝之类，都要选用大的。书案旁边可以放置一两盆建兰。奇峰古树、清泉白石等盆景，不妨多放置一些。屋子四周垂下湘妃竹帘，看上去就像进入了「清凉世界」。

## 佛室

内供乌丝藏佛一尊，以金鋈甚厚、慈容端整、妙相具足者为上，或宋、元脱纱大士像俱可，用古漆佛橱；若香象、唐象及三尊并列接引、诸天等象，号曰「一堂」，并朱红小木等橱，皆僧寮所供，非居士所宜也。长松石洞之下，得古石像最佳；案头以旧磁净瓶献花，净碗酌水，石鼎爇印香，夜燃石灯，其钟、磬、幡、幢、几、榻之类，次第铺设，俱戒纤巧。钟、磬尤不可并列。用古倭漆经厢，以盛梵典。庭中列施食台一，幡竿一，下用古石莲座石幢一，幢下植杂草花数种，石须古制，不则亦以水蚀之。

**【译文】**佛堂之内供奉一尊来自西藏的金佛像，以鋈金厚实、慈容端庄、宝相庄严的佛像为上，或者宋、元时期的脱纱观音大士像也都可以，用古漆佛橱供奉；如果将香像、唐像以及三尊像、接引、诸天等像并列，就称为「一堂」，一同用朱红小木橱供奉，这都是僧舍中的陈设，并不适合居士。如果在松林之下、岩洞之中，寻得古石佛像最好；案头用古瓷净瓶插花，净碗盛水，石鼎焚香，石灯长明，像钟、磬、幡、幢、几、榻之类，依次排列，都忌纤细小巧。钟、磬一定不能并列摆放。用古旧日本漆的经箱存放佛经。室中设置一个施食台，一根系幡的竹竿，下面用一个古石莲花座石幢，幢下种植各种花草，石幢必须选用古旧的，否则就用水浸泡侵蚀做旧后再用。

長物志卷九　　　　　明　文震亨　撰

## 衣飾

衣冠製度必與時宜吾儕既不能披鶡帶索又不當綴玉垂珠要須夏葛冬裘被服嫺雅居城市有儒者之風入山林有隱逸之象若徒染五采飾文繢與銅山金穴之子侈靡鬬麗亦豈詩人粲粲衣服之旨乎至於蟬冠朱衣方心曲領玉珮朱履之為漢服也幞頭大袍之為隋服也紗帽圓領之為唐服也簷帽襴衫申衣幅巾之為宋服也巾環襈領帽子繫腰之為金元服也方巾團領之為國朝服也皆歴代之制非所敢輕議也志衣飾第八

## 道服

製如中衣以白布為之四邊延以緇色布或用茶褐為袍緣以皂布有月衣鋪地如月披之則如鶴氅二者用以坐禪策蹇披雪避寒俱不可少

## 禪衣

以灑海剌為之俗名瑣哈剌蓋番語不易辨也其形似胡羊毛片縷縷下垂緊厚如氈其用耐久來自西域聞彼中亦甚貴

## 被

以五色氊氊為之亦出西番濶僅尺許與瑣哈剌相類但不緊厚次用山東繭紬最耐久其落花流水紫白等錦皆以美觀不甚雅以真紫花布為大被嚴寒用之有

畫百蝶於上稱為蝶夢者亦俗古人用蘆花為被今卻

無此製

褥

京師有摺疊臥褥形如圍屏展之與文收之僅二尺許

厚三四寸以錦為之中實以燈心最雅其椅榻等褥皆

用古錦為之錦既敝可以裝潢卷冊

絨單

出陝西甘肅紅者色如珊瑚然非幽齋所宜本色者最

雅冬月可以代席狐腋貂褥不易得此亦可當溫柔鄉

矣氈者不堪用青氈用以襯書大字

帳

冬月以繭紬或紫花厚布為之紙帳與紬絹等帳俱俗

錦帳帕帳俱閨閣中物，夏月以蕉布為之，然不易得。吳中青撬紗及花手巾製帳亦可，有以畫絹為之，有寫山水墨梅於上者，此皆欲雅反俗。更有作大帳，號為漫天帳，夏月坐臥其中，置几榻櫥架等物，雖適意亦不古。寒月小齋中製布帳於牕檻之上，青紫二色可用。

## 冠

鐵冠最古，犀玉琥珀次之，沉香葫蘆者又次之，竹籜癭木者最下。製惟偃月、高士二式，餘非所宜。

## 巾

漢巾去唐式不遠，今所尚披雲巾最俗，或自以意為之，幅巾最古，然不便於用。

## 笠

細籐者佳方廣二尺四寸以皂絹綴簷山行以遮風日

又有葉笠羽笠此皆方物非可常用

履

冬月秧履最適且可暖足夏月棕鞋惟温州者佳若方

舃等樣製作不俗者皆可為濟勝之具

# 卷九 衣饰

衣冠制度，必与时宜，吾侪既不能披鹑带索，又不当缀玉垂珠，要须夏葛、冬裘，被服娴雅，居城市有儒者之风，入山林有隐逸之象。若徒染五采，饰文缋，与铜山金穴之子，侈靡斗丽，亦岂诗人粲粲衣服之旨乎？至于蝉冠朱衣，方心曲领，玉珮朱履之为「汉服」也；幞头大袍之为「隋服」也；纱帽圆领之为「唐服」也；檐帽襕衫、申衣幅巾之为「宋服」也；巾环襈领、帽子系腰之为「金元服」也；方巾团领之为「国朝服」也，皆历代之制，非所敢轻议也。志《衣饰第八》。

【译文】服饰的式样规格，要和时代相适宜，我辈既不能身披破衣、腰系草绳，又不能穿金戴银、缀玉垂珠，应该夏天穿葛衣，冬天穿皮衣，穿衣要文雅沉静，居住在城市中要有儒者之风，闲居在山林中要有隐逸之姿。如果一心追求衣服多彩，图案华丽，与豪富之子，争奢斗艳，这哪里符合诗人服饰鲜明整洁的宗旨呢？至于蝉冠朱衣，方心曲领，玉佩红鞋的服饰是「汉服」；幞头大袍的服饰是「隋服」；纱帽圆领的服饰是「唐服」；檐帽襕衫、深衣幅巾的服饰是「宋服」；玉环滚领、帽子系腰的服饰是「金元服」；方巾圆领的服饰是「本朝服」，这些都是历朝历代服饰的式样规格，不敢随便评论。记《衣饰第八》。

## 道服

制如申衣，以白布为之，四边延以缁色布，或用茶褐为袍，缘以皂布。有月衣，铺地如月，披之则如鹤氅。二者用以坐禅策蹇、披雪避寒，俱不可少。

【译文】道服的式样类似深衣，用白布做成长袍，四边镶上黑布，或者用茶褐色布做成长袍，边缘用黑布滚边。另外还有月衣，铺在地上像月亮，披在身上像鹤氅。这两种衣服在坐禅骑马、挡雪御寒时，都是必不可少的。

## 禅衣

以洒海剌为之，俗名「琐哈剌」，盖番语不易辨也。其形似胡羊毛片缕缕下垂，紧厚如毡，其用耐久，来自西域，闻彼中亦甚贵。

【译文】禅衣是用洒海剌做的，俗称「琐哈剌」，是番语音译，不易分辨。外形像胡地羊毛缕缕下垂，细密厚实像毛毡一样，经久耐用，产自西域，听说在那里也十分珍贵。

## 被

以五色氆氇为之，亦出西番，阔仅尺许，与琐哈剌相类，但不紧厚；次用山东茧细，最耐久，其落花流水、紫、白等锦，皆以美观，不甚雅。以真紫花布为大被，严寒用之，有画百蝶于上，称为「蝶梦」者，亦俗。古人用芦花为被，今却无此制。

【译文】用五色呢绒做的被子，也出自西域，宽仅一尺左右，与琐哈剌相似，但没有琐哈剌细密厚实；还有用山东柞蚕丝绸做的被子，最是耐用，其中有用落花流水、紫色、白色等锦缎做的，都很美观，但不够雅致。用紫色花布做的大被子，在严冬使用，有的印有百蝶飞舞图案，称之为「蝶梦」，也很俗气。古人用芦花做被芯，如今却没有这种做法了。

## 褥

京师有折叠卧褥，形如围屏，展之盈丈，收之仅二尺许，厚三四寸，以锦为之，中实以灯心，最雅。其椅榻等褥，皆用古锦为之。锦既敝，可以装潢卷册。

【译文】京城有一种放在床上可折叠的褥子，形状像围屏，展开有一丈多长，折叠起来只有二尺左右，厚三四寸，用锦缎做成罩子，中间用灯芯草填充，最为雅致。椅榻等坐具上的褥子，也都是用古锦做的。锦缎破旧后，还可以用来装裱书册。

## 绒单

出陕西、甘肃，红者色如珊瑚，然非幽斋所宜，本色者最雅，冬月可以代席。狐腋、貂褥不易得，此亦可当温柔乡矣。毡者不堪用，青毡用以衬书大字。

【译文】绒毯产自陕西、甘肃，红色的如珊瑚鲜艳，却并不适合幽居之室，本色的最为雅致，冬天还可以代替席子来用。狐腋、貂皮不容易得到，那是最温暖舒服的。毡子不能当作毯子，青毡可以在写大字时衬在纸下使用。

## 帐

冬月以茧紬或紫花厚布为之，纸帐与紬绢等帐俱俗，锦帐、帛帐俱闺阁中物，夏月以蕉布为之，然不易得。吴中青撬纱及花手巾制帐亦可。有以画绢为之，有写山水墨梅于上者，此皆欲雅反俗。更有作大帐，号为「漫天帐」，夏月坐卧其中，置几榻橱架等物，虽适意，亦不古。寒月小斋中制布帐于窗槛之上，青紫二色可用。

【译文】冬天的床帐是用柞蚕丝绸或紫花厚布做的，纸帐和丝绸等材质做的床帐都很俗，锦帐、帛帐都属于闺阁中物，夏天的床帐可以用蕉布做，然而蕉布很难得。也可以用吴中青撬纱和花手巾做床帐。有人以绘画用的绢做床帐，再画上山水墨梅，这是追求雅致不成反而更显俗气了。还有做得很大的床帐，称为「漫天帐」，夏天坐卧都在其中，放上几、榻、橱、架等物，虽然舒适，但不够古朴。冬天挂在居室窗户上的布帐，青、紫两色都可以。

## 冠

铁冠最古，犀玉、琥珀次之，沉香、葫芦者又次之，竹箨、瘿木者最下。制惟偃月、高士二式，余非所宜。

【译文】头冠中铁冠最古，犀角、玉石、琥珀做的稍次，沉香、葫芦做的又次之，笋壳、瘿木做的最差。头冠的式样只有偃月冠、高士冠两种可取，其余的式样都不适宜。

## 巾

唐巾去汉式不远，今所尚「披云巾」最俗，或自以意为之，「幅巾」最古，然不便于用。

【译文】唐代头巾与汉代头巾的式样差别不大，现今推崇的「披云巾」最为俗气，这是有人按照自己的喜好做的，「幅巾」最为古朴雅致，但不便于使用。

## 笠

细藤者佳，方广二尺四寸，以皂绢缀檐，山行以遮风日；又有叶笠、羽笠，此皆方物，非可常用。

【译文】斗笠中以细藤做的最好，大小二尺四寸，用黑绢滚边，在山中行走时用来遮风蔽日；还有树叶斗笠、羽毛斗笠，这些都是各地特有的用具，不常用。

## 履

冬月秧履最适，且可暖足。夏月棕鞋惟温州者佳，若方舄等样制作不俗者，皆可为济胜之具。

【译文】冬天穿秧鞋最合适，还可以暖足。夏天的棕丝鞋只有温州产的最好穿，像方舄那些制作不俗的鞋子，都很适合在登山涉水、游览胜景时穿着。

長物志卷十

明 文震亨 撰

## 舟車

舟之習於水也弘舸連軸巨檻接艫既非素士所能辦蜻蛉蚱蜢不堪起居要使軒牕闌檻儼若精舍室陳廈饗靡不咸宜用之祖遠餞近以暢離情用之登山臨水以宣幽思用之訪雪載月以寫高韻或芳辰綴賞或艷女采蓮或子夜清聲或中流歌舞皆人生適意之一端也至如濟勝之具籃輿最便但使製度新雅便堪登高涉遠寧必飾以珠玉錯以金貝被以繢罽藉以簟茀鏤以鈎膺文以輪轅靮以鞗革和以鳴鸞乃稱周行魯道哉志舟車第九

## 巾車

今之肩輿即古之巾車也第古用牛馬今用人車實非雅士所宜出閩廣者精麗且輕便楚中有以藤為扛者亦佳近金陵所製纏藤者頗俗

## 藍轝

山行無濟勝之具則藍轝似不可少武林所製有坐身踏足處俱以繩絡者上下峻坂皆平最為適意惟不能避風雨有上置一架可張小幔者亦不雅觀

## 舟

形如劃船底惟平長可三丈有餘頭濶五尺分為四倉中倉可容賓主六人置卓凳筆牀酒鎗鼎彝盆玩之屬以輕小為貴前倉可容僮僕四人置壺榼茗鑪茶具之

屬後倉隔之以板傍容小弄以便出入中置一榻一小

几小廚上以板承之可置書卷筆硯之屬榻下可置衣

廂虎子之屬幔以板不以蓬簟兩傍不用欄楯以布絹

作帳用蔽東西日色無日則高捲捲以帶不以鈎他如

樓船方舟諸式皆俗

小船

長丈餘濶三尺許置於池塘中或時鼓枻中流或時繫

於柳陰曲岸執竿把鈎弄月吟風以藍布作一長幔兩

邊走簷前以二竹為柱後縛船尾釘兩圈處一童子

刺之

長物志卷十

舟之习于水也，弘舸连轴，巨槛接舻，既非素士所能办；蜻蛉蚱蜢，不堪起居。要使轩窗阑槛，俨若精舍，室陈厦飨，靡不咸宜。用之祖远饯近，以畅离情；用之登山临水，以宣幽思；用之访雪载月，以写高韵；或芳辰缀赏，或艳女采莲，或子夜清声，或中流歌舞，皆人生适意之一端也。至如济胜之具，篮舆最便，但使制度新雅，便堪登高涉远；宁必饰以珠玉、错以金贝、被以缋罽、藉以簟茀、镂以钩膺、文以轮辕、绚以鞶革、和以鸣鸾，乃称周行、鲁道哉？志《舟车第九》。

【译文】水中航行的船，高船巨舰，首尾相连，这不是布衣之士所能办到的事情；小船小舟，又不能满足日常起居。要让窗户栏杆都像清净雅洁的房舍，舱内陈设适宜、舱外可供宴饮。可用来饯别送行，尽情表达离愁别绪；可用来登山游水，宣泄幽思之情；可用来踏雪戴月，抒发高雅的兴致；在船上或看良辰美景，或看美人采莲，或听子夜清吟，或赏水中歌舞，这些都是人生自在快意之事。至于攀越胜境、登山临水的用具，竹舆最为便捷，只要式样新颖雅致，就足够登高远行；难道必须要镶金缀玉、镶嵌金贝、披挂五彩毛毯、挂上竹席、描画车辆、装饰马匹、摇响车铃，才能说是出行顺畅、道路通达吗？记《舟车第九》。

## 巾车

今之「肩舆」，即古之「巾车」也。第古用牛马，今用人车，实非雅士所宜。出闽、广者精丽，且轻便；楚中有以藤为扛者，亦佳。近金陵所制缠藤者，颇俗。

**【译文】**今天的「肩舆」，就是古代的「巾车」。只是古代用牛马拉着，现今用人抬着，文人雅士实在是不适合乘坐。福建、广东的巾车精美华丽，还轻捷方便；楚中有用藤条作为抬扛的巾车，也属上佳。近年金陵制作的缠藤巾车，颇为俗气。

## 篮舆

山行无济胜之具，则「篮舆」似不可少。武林所制，有坐身踏足处，俱以绳络者，上下峻坂皆平，最为适意，惟不能避风雨。有上置一架，可张小幔者，亦不雅观。

明·陈洪绶《陶渊明故事图》

了。

【译文】在山中行走没有攀越胜境、登山临水的用具，那么「篮舆」就貌似不可缺少武林制作的篮舆，座位和脚踏的地方，都有绳网拦护，上下陡坡都很平稳，最是舒适，只是不能遮风避雨。有一种在上方放置一个支架，可以张挂小帐幔的，也不够雅观。

## 舟

形如划船，底惟平，长可三丈有余，头阔五尺，分为四仓：中仓可容宾主六人，置桌凳、笔床、酒枪、鼎彝、盆玩之属，以轻小为贵；前仓可容童仆四人，置壶榼、茗炉、茶具之属；后仓隔之以板，傍容小弄，以便出入。中置一榻，一小几。小厨上以板承之，可置书卷、笔砚之属。榻下可置衣厢、虎子之属。幔以板，不以篷簟，两傍不用栏楯，以布绢作帐，用蔽东西日色，无日则高卷，卷以带，不以钩。他如楼船、方舟诸式，皆俗。

【译文】舟的形制和划船相仿，只是有舟底是平的，长三丈多，头宽五尺，分为四个舱：中舱可容下宾主六人，放置桌凳、笔床、酒枪、鼎彝、盆玩之类，以轻便小巧为好；前舱可容下童仆四人，放置酒壶、茶炉、茶具之类；后舱用木板隔开，旁边留下一个小过道，方便出入。舱中安置一张卧榻，一个小几。小橱柜上放一块木板，可放置书卷、笔砚之类。卧榻下可放置衣箱、便器之类。船幔要用木板，不能用竹席，两旁不用木质栏杆，而用布绢做幔帐，遮蔽阳光，阴天就高高卷起，卷好用带子来绑，不用钩子。其他像楼船、方舟等样式，都很俗气。

宋·佚名《江帆山市图》

## 小船

长丈余，阔三尺许，置于池塘中。或时鼓枻中流，或时系于柳阴曲岸，执竿把钓，弄月吟风。以蓝布作一长幔，两边走檐，前以二竹为柱，后缚船尾钉两圈处，一童子刺之。

【译文】小船长一丈多，宽三尺左右，停留在池塘中。有时在湖中划桨泛舟，有时停靠在柳荫曲岸，执竿垂钓，弄月吟风。用蓝布做成一个长船篷，两边前伸作檐，前面以两根竹竿支撑，后面固定在船尾，只需一名童子撑船就行。

# 長物志卷十一

明 文震亨 撰

## 蔬果

田文坐客上客食肉中客食魚下客食菜此便開千古勢利之祖吾曹談芝討桂既不能餌菊朮啖花草乃層酒纍肉以供口食真可謂穢我素業古人蘋蘩可薦蔬筍可羞顧山肴野蔌須多預蓄以供長日清談閒宵小飲又如酒鎗皿合皆須古雅精潔不可毫涉市販屠沽氣又當多藏名酒及山珍海錯如鹿脯荔枝之屬庶令可口悦目不特動指流涎而已志蔬果第十一

### 櫻桃

櫻桃古名楔桃一名朱桃一名英桃又為鳥所含故禮

稱含桃盛以白盤色味俱絶南都曲中有英桃脯中置玫瑰瓣一味亦甚佳價甚貴

## 桃李梅杏

桃易生故諺云白頭種桃其種有匾桃墨桃金桃鷹嘴脫核蟠桃以蜜煮之味極美李品在桃下有粉青黃姑二種別有一種曰嘉慶子味微酸北人不辯梅杏熟時乃别梅接杏而生者曰杏梅又有消梅入口即化脆美異常雖果中凡品然卻睡止渴亦自有致

## 橘橙

橘爲木奴既可供食又可獲利有綠橘金橘蜜橘匾橘數種皆出自洞庭别有一種小于閩中而色味俱相似名漆堞紅者更佳出衢州者皮薄亦美然不多得山中

人更以落地未成實者製為橘藥醎者較勝黃橙堪
調膾古人所謂金虀若法製丁片皆稱俗味

柑

柑出洞庭者味極甘出新莊者無汁以刀剖而食之更
有一種粗皮名蜜羅柑亦美小者曰金柑圓者曰金豆

香橼

大如椀盂香氣馥烈吳人最尚以磁盆盛供取其瓤拌
以白糖亦可作湯除酒渴又有一種皮稍粗厚者香更
勝

枇杷

枇杷獨核者佳株葉皆可愛一名款冬花薦之果奩色
如黃金味絕美

楊梅

吳中佳果與荔枝並擅高名各不相下出光福山中者最美彼中人以漆盤盛之色與漆等一斤僅二十枚真奇味也生當暑中不堪涉遠吳中好事家或以輕橈鄣置或買舟就食出他山者味酸色亦不紫有以燒酒浸者色不變而味淡蜜漬者色味俱惡

葡桃

有紫白二種白者曰水晶萄味差亞於紫

荔枝

荔枝雖非吳地所種然果中名裔人所共愛紅塵一騎不可謂非鮮事人彼中有蜜漬者色亦白第殼已殷所謂紅繻白玉膚亦在流想間而已龍眼稱荔枝奴香味

不及種類頗少價乃更貴

## 棗

棗類極多小核色赤者味極美棗脯出金陵南棗出浙中者俱貴甚

## 生梨

梨有二種花瓣圓而舒者其果甘缺而皺者其果酸亦易辨出山東有大如瓜者味絕脆入口即化能消痰疾

## 栗

杜甫寓蜀採栗自給山家禦窮莫此為愈出吳中諸山者絕小風乾味更美出吳興者從溪水中出易壞煨熟乃佳以橄欖同食名為梅花脯謂其口作梅花香然實不盡然也

## 銀杏

葉如鴨脚故名鴨脚子雄者三棱雌者二棱園圃間植之雖所出不足充用然新緑時葉最可愛吳中諸刹多有合抱者扶踈喬挺最稱佳樹

## 柹

柹有七絶一壽二多陰三無鳥巢四無蟲五霜葉可愛六嘉實七落葉肥大別有一種名燈柹小而無核味更美或謂柹接三次則全無核未知果否

## 菱

兩角為菱四角為芰吳中湖泖及人家池沼皆種之有青紅二種紅者最早名水紅菱稍遲而大者曰雁來紅青者曰鶯哥青青而大者曰餛飩菱味最勝最小者曰

野菱又有白沙角皆秋來美味堪與扁豆並薦

芡

芡花晝合宵展至秋作房如鷄頭實藏其中故俗名鷄豆有秔糯二種有大如小龍眼者味最佳食之益人若剁肉和糖擣為糕糜真味盡失

花紅

西北稱柰家以為脯即今之蘋婆果是也生者較勝不特味美亦有清香吴中稱花紅即名林檎又名來禽似柰而小花亦可愛

石榴

石榴花勝于果有大紅桃紅淡白三種千葉者名餅子榴酷烈如火無實宜植庭際

## 西瓜

西瓜味甘古人與沉李並埒不僅蔬屬而已長夏消渴吻最不可少且能解暑毒

## 五加皮

久服輕身明目吴人于早春採取其芽焙乾點茶清香特甚味亦絶美亦可作酒服之延年

## 白扁豆

純白者味美補脾入藥秋深籬落當多種以供採食乾者亦須收數斛以足一歲之需

## 菌

雨後彌山遍野春時尤盛然蟄後蟲蛇始出有毒者最多山中人自能辨之秋菌味稍薄以火焙乾可點茶價

亦貴

## 瓠

瓠類不一詩人所取抱甕之餘采之烹之亦山家一種佳味第不可與肉食者道耳

## 茄子

茄子一名落酥又名崑崙紫瓜種莧其傍同澆灌之茄莧俱茂新採者味絕美蔡遵為吳興守齋前種白莧紫茄以為常饍五馬貴人猶能如此吾輩安可無此一種味也

## 芋

古人以蹲鴟起家又云園收芋粟未全貧則禦窮一策芋為稱首所謂煨得芋頭熟天子不如我且以為南面

王樂其言誠過然寒夜擁鑪此實真味別名土芝信不虛矣

## 茭白

古稱雕胡性尤宜水逐年移之則心不黑池塘中亦宜多植以佐灌園所缺

## 山藥

本名薯藥出婁東岳王市者大如臂真不減天公掌定當取作常供夏取其子不堪食至如香芋烏芋鳧茨之屬皆非佳品烏芋即茨菇鳧茨即地栗

## 蘿蔔蔓菁

蘿蔔一名土酥蔓菁一名六利皆佳味也他如烏白二菘蓴芹薇蕨之屬皆當命園丁多種以供伊蒲第不

可以此市利爲賣菜傭耳

長物志卷十一

## 卷十一 蔬果

田文坐客，上客食肉，中客食鱼，下客食菜，此便开千古势利之祖。吾曹谈芝讨桂，既不能饵菊术，啖花草；乃层酒累肉，以供口食，真可谓秽我素业。古人蘋蘩可荐，蔬笋可羞，顾山肴野蔌，须多预蓄，以供长日清谈，闲宵小饮；又如酒铯皿合，皆须古雅精洁，不可毫涉市贩屠沽气；又当多藏名酒，及山珍海错，如鹿脯、荔枝之属，庶令可口悦目，不特动指流涎而已。志《蔬果第十一》。

**【译文】**孟尝君家的客人，上等客人吃肉，中等客人吃鱼，下等客人吃菜，从此便开了千古势利的源头。我们谈论芝桂的高洁，却不能吃菊花、白术，或是花花草草；而是终日饮酒吃肉，以满足我们的口腹之欲，真是玷污我等的操守德行。古人可以用蘋、蘩来祭祀，用蔬菜、竹笋来饱腹，所以提前准备很多的野味和野菜，以供白日清谈，夜晚小酌；又像酒器餐具，都要古雅、精洁，不可沾染丝毫市井中的酒肉之气；还应当多收藏一些名酒，以及山珍海味，如鹿肉干、荔枝之类，让菜肴既美味可口又赏心悦目，不只是让人动筷子、垂涎三尺而已。记《蔬果第十一》。

### 樱桃

樱桃古名「楔桃」，一名「朱桃」，一名「英桃」，又为鸟所含，故《礼》称「含桃」。盛以白盘，色味俱绝。南都曲中有英桃脯，中置玫瑰瓣一味，亦甚佳，价甚贵。

【译文】樱桃古代叫作「楔桃」，又叫「朱桃」，也叫「英桃」，又因为常被鸟类含在嘴里，所以《礼记》里称为「含桃」。用白色瓷盘盛放，色味双绝。南京的妓坊中有「英桃脯」，其中加入玫瑰花瓣，也十分美味，价格同样十分昂贵。

## 桃李梅杏

桃易生，故谚云：「白头种桃。」其种有：匾桃、墨桃、金桃、鹰嘴、脱核蟠桃，以蜜煮之，味极美。李品在桃下，有粉青、黄姑二种，别有一种，曰「嘉庆子」，味微酸。北人不辩梅、杏，熟时乃别。梅接杏而生者，曰杏梅，又有消梅，入口即化，脆美异常，虽果中凡品，然却睡止渴，亦自有致。

【译文】桃树子生长快，所以古谚说：「白头种桃。」桃的品种有：匾桃、墨桃、金桃、鹰嘴、脱核蟠桃，用蜂蜜煮食，味道极其甘甜。李子的品级在桃之下，有粉青、黄姑两种，还有一种，名叫「嘉庆子」，口味微酸。北方人不会分辨梅、杏，直到果实成熟后才能分辨出来。在梅树上嫁接杏枝长出的果实，名叫杏梅，还有一种名叫消梅，入口即化，十分爽脆甘甜，虽然只是普通的水果，却能提神解渴，也自有一番情趣。

## 橘橙

橘为「木奴」，既可供食，又可获利。有绿橘、金橘、密橘、扁橘数种，皆出自洞庭；别有一种小于闽中，而色味俱相似，名「漆堞红」者，更佳；出衢州者皮薄亦美，然不多得。山中人更以落地未成实者，制为橘药，醎者较胜。黄橙堪调脍，

宋·赵令穰《橙黄橘绿图》

古人所谓「金虀」；若法制丁片，皆称「俗味」。

**【译文】**橘子又称「木奴」，既可以自己吃，又可以卖出获利。有绿橘、金橘、蜜橘、扁橘数种，都产自洞庭湖；还有一种小于闽地所产的橘子，而色味全都与其相似，名叫「漆碟红」的，品质更佳；产自衢州的橘子皮薄味美，但无法多得。山民将掉到地上却尚未成熟的橘子，制成橘药，用盐腌渍效果更好。黄橙可像鱼肉一样切成薄片，古人称之为「金虀」；若现在如法炮制成丁片，那就都成「俗味」了。

## 柑

柑出洞庭者，味极甘，出新庄者，无汁，以刀剖而食之。更有一种粗皮，名蜜罗柑，亦美。小者曰「金柑」，圆者曰「金豆」。

**【译文】**产自洞庭湖的柑，味道极其甘甜，产自新庄的柑，没有果汁，可以用刀剖开食用。还有一种粗皮的柑，叫作蜜罗柑，也很甜美。小的叫「金柑」，圆的叫「金豆」。

## 香橼

大如杯盂，香气馥烈，吴人最尚。以磁盆盛供，取其瓤，拌以白糖，亦可作汤，除酒渴；又有一种皮稍粗厚者，香更胜。

**【译文】**香橼像酒杯一样大，香气馥郁浓烈，吴地人最喜欢。用瓷盆盛放摆设，取出

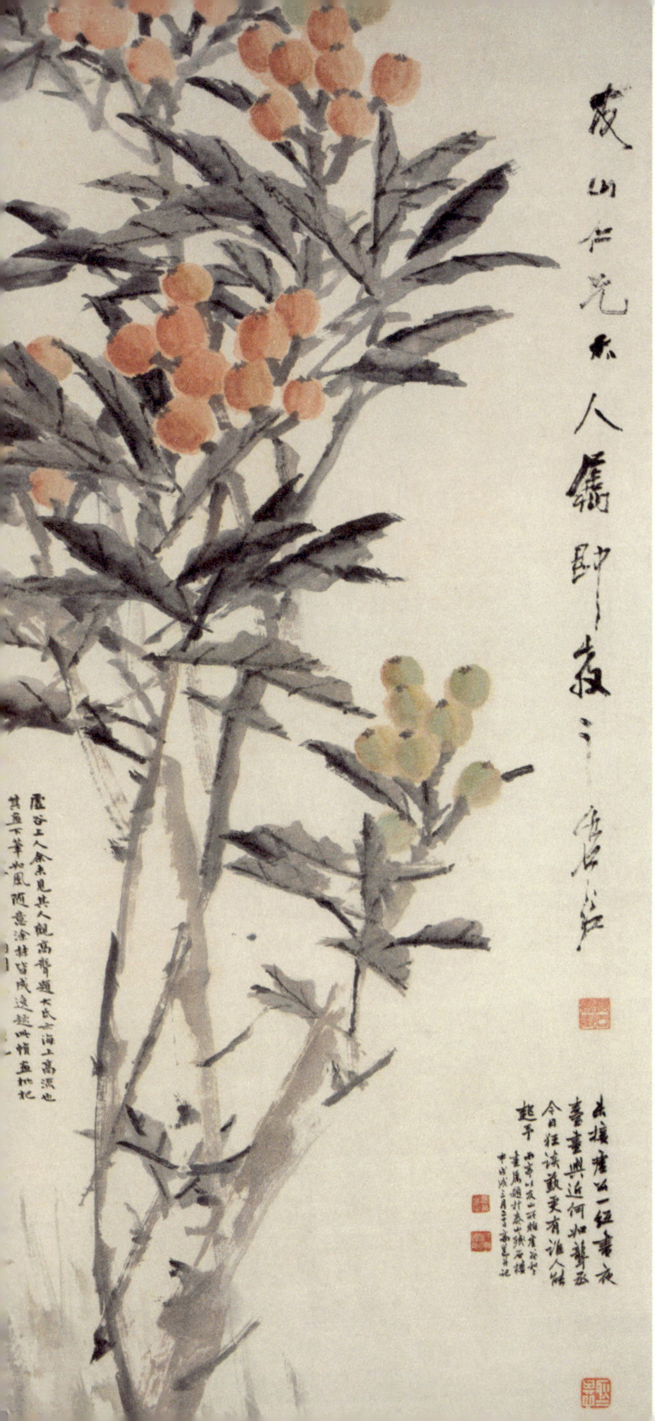

瓤，拌上白糖，也可以用来煲汤，能缓解酒后口渴；还有一种果皮稍粗厚的，比普通香橼更香。

## 枇杷

枇杷独核者佳，株叶皆可爱，一名「款冬花」，薦之果奁，色如黄金，味绝美。

【译文】独核的枇杷最好，一枝一叶都招人喜爱，它又叫「款冬花」，晒干后放入果盒，色泽金黄，口味绝美。

## 杨梅

吴中佳果，与荔枝并擅高名，各不相下。出光福山中者最美，彼中人以漆盘盛之，色与漆等，一斤仅二十枚，真奇味也。生当暑中，不堪涉远，吴中好事家或以轻桡邮置，或买舟就食。出他山者味酸，色亦不紫。有以烧酒浸者，色不变，而味淡；蜜渍者，色味俱恶。

【译文】杨梅是产自吴中的上佳水果，与荔枝的美名不相上下。产自苏州光福山的最好，当地人用漆盘盛放，杨梅的颜色和漆盘的漆色一样，一斤仅有二十枚，味道令人称奇。杨梅成熟于暑期，不能长途运输，吴中不怕麻烦的人家有的用快艇往外运，有的雇船前往品尝。产自其他山的杨梅味道发酸，颜色也不够紫。有人用杨梅来泡酒，颜色不变，但味道变淡；还有用蜜腌渍杨梅的，色味都会变差。

## 葡萄

有紫、白二种，白者曰「水晶萄」，味差亚于紫。

【译文】葡萄有紫色、白色两种，白色的叫「水晶萄」，味道较差，不及紫色的。

## 荔枝

荔枝虽非吴地所种，然果中名裔，人所共爱，「红尘一骑」，不可谓非解事人。

彼中有蜜渍者，色亦白，第壳已殷，所谓「红襦白玉肤」，亦在流想间而已。龙眼称「荔枝奴」，香味不及，种类颇少，价乃更贵。

**【译文】**荔枝虽然并非吴地所产，但作为果中名品，世人都喜爱，「红尘一骑」的故事，不能怪杨贵妃不懂事啊。蜜渍的荔枝，果肉很白，但外壳已变红，所以有「红襦白玉肤」的说法，不过只是对荔枝的想象而已。龙眼被称为「荔枝奴」，其香味不及荔枝，种类也少，价格反而更高。

## 枣

枣类极多，小核色赤者，味极美。枣脯出金陵，南枣出浙中者，俱贵甚。

**【译文】**枣的种类极多，核小色红的，味道极其甜美。南京的枣脯，浙江的南枣，都很珍贵。

## 生梨

梨有二种：花瓣圆而舒者，其果甘；缺而皱者，其果酸，亦易辨。出山东，有大如瓜者，味绝脆，入口即化，能消痰疾。

**【译文】**梨有两种：花瓣圆而且舒展的，果实较甘甜；花瓣少而且皱的，果实较酸，很容易辨别。山东出产一种像瓜一样大的梨，味道爽脆，入口即化，能治痰疾。

## 栗

杜甫寓蜀，采栗自给，山家御穷，莫此为愈。出吴中诸山者绝小，风干，味更美；出吴兴者，从溪水中出，易坏，煨熟乃佳。与橄榄同食，名为「梅花脯」，谓其口味作梅花香，然实不尽然也。

**【译文】**杜甫寓居四川时，靠采摘板栗养活家人，山野隐士维持生计，没有比这更好的办法了。吴中山里出产的板栗都很小，风干后，味道更佳；吴兴出产的板栗，通过溪水运出，很容易腐败，煮熟后才方便存储。板栗与橄榄同吃，称为「梅花脯」，说是入口时有一股梅花香，其实不尽然。

## 银杏

叶如鸭脚，故名「鸭脚子」，雄者三棱，雌者二棱，园圃间植之，虽所出不足充用，然新绿时，叶最可爱，吴中诸刹，多有合抱者，扶疏乔挺，最称佳树。

**【译文】**银杏叶外形像鸭脚，所以称「鸭脚子」，雄叶为三棱形，雌叶为二棱形，园圃中间隔种植，虽然结出的果实不足以食用，但初春刚发芽时，嫩绿色的新叶特别可爱，吴中的各个古刹中，有很多两臂合抱粗的树，枝叶茂盛、高大挺拔，堪称佳树。

## 柿

柿有七绝：一寿，二多阴，三无鸟巢，四无虫，五霜叶可爱，六嘉实，七落叶肥大。别有一种，名「灯柿」，小而无核，味更美。或谓柿接三次，则全无核，未知果否。

**【译文】**柿子树有七个绝妙的优点：第一长寿，第二叶多繁茂，第三无鸟筑巢，第四不生虫，第五霜叶惹人喜爱，第六果实佳美，第七落叶肥大。还有一种，名叫「灯柿」，果小而无核，味道更好。有人说柿子结了三次果实之后，再长出的柿子就没有果核了，不知是否真是这样。

## 菱

两角为菱，四角为芰，吴中湖泖及人家池沼皆种之。有青红二种：红者最早，名「水红菱」；稍迟而大者，曰「雁来红」；青者曰「莺哥青」；青而大者，曰「馄饨菱」，味最胜；最小者曰「野菱」。又有「白沙角」，皆秋来美味，堪与扁豆并荐。

**【译文】**两角的是菱，四角的是芰，吴中的小湖以及农家的池塘中都会种植。有青红两种：红色的最早成熟，名叫「水红菱」；成熟较晚而个头大的，名叫「雁来红」；青色的名叫「莺哥青」；青色而个头大的，名叫「馄饨菱」，味道最佳；最小的名叫「野菱」。还有「白沙角」，都是秋天的美味，能与扁豆一起作为佐餐之物。

## 芡

芡花昼合宵展，至秋作房如鸡头，实藏其中，故俗名「鸡豆」。有秔、糯二种，有大如小龙眼者，味最佳，食之益人。若剥肉和糖，捣为糕糜，真味尽失。

**【译文】**芡花白天闭合、夜里绽放，到秋天长成特别像鸡头的子房，种子就藏在其中，所以俗称「鸡豆」。有秔、糯两种，有一种大小像小龙眼的，味道最佳，食用后对人有益。若剥壳取肉再加入糖，捣烂如泥，那就失去其本味了。

## 花红

西北称柰，家以为脯，即今之蘋婆果是也。生者较胜，不特味美，亦有清香。吴中称「花红」，即名「林檎」，又名「来禽」，似柰而小，花亦可爱。

**【译文】**花红在西北称为柰，当地人都将其做成果脯，就是现在的蘋婆果。生吃味道更好，不光味道甜美，而且散发着清香。吴中称之为「花红」，也叫「林檎」，又叫「来禽」，外形像柰、个头略小，所开的花也讨人喜爱。

## 石榴

石榴，花胜于果，有大红、桃红、淡白三种，千叶者名「饼子榴」，酷烈如火，无实，宜植庭际。

明·陆治《蜀葵石榴花图》

【译文】石榴的花远胜果实，有大红、桃红、淡白三种，花瓣重重叠叠的名叫「饼子榴」，其花颜色浓烈如火，无法结果，适合种在庭院之中。

## 西瓜

西瓜味甘，古人与沉李并埒，不仅蔬属而已。长夏消渴吻，最不可少，且能解暑毒。

【译文】西瓜味道甘甜，古人把它和沉李都看作夏天消暑的佳品，不只是把它当作一般的果蔬。漫漫夏日口干舌燥之际，西瓜是最不能缺少的，并且还能解除暑毒。

## 五加皮

久服轻身明目，吴人于早春采取其芽，焙干点茶，清香特甚，味亦绝美，亦可作酒，服之延年。

【译文】长期服用五加皮可以轻身明目，吴地人在早春采摘五加皮的嫩芽，焙干泡茶，特别清香，味道也极美，还可以泡酒，经常服用可以延年益寿。

## 白扁豆

纯白者味美，补脾入药，秋深篱落，当多种以供采食，干者亦须收数斛，以足一岁之需。

【译文】纯白色的扁豆味道鲜美，因其有补脾的功效所以可以入药，深秋的篱笆里，应当多种一些以供采摘食用，干豆也需要储藏几斛，以供全年所需。

## 菌

雨后弥山遍野，春时尤盛，然蛰后虫蛇始出，有毒者最多，山中人自能辨之。秋菌味稍薄，以火焙干，可点茶，价亦贵。

【译文】雨后漫山遍野都会长菌，春天时尤为繁多，但惊蛰之后虫蛇开始活动，这时有毒的菌最多，当地山民自然能够辨认。秋天的菌味道稍淡，用慢火烘干，可以泡茶，价格也十分昂贵。

## 瓠

瓠类不一，诗人所取，抱瓮之余，采之烹之，亦山家一种佳味，第不可与肉食者道耳。

【译文】瓠的种类不一，诗人除了用来汲水之外，还会采摘下来煮食，也是山野隐士家中的一道美味，但那些位高权重之人是无法体会的。

## 茄子

茄子一名「落酥」，又名「昆仑紫瓜」，种苋其傍，同浇灌之，茄苋俱茂，新采者味绝美。蔡遵为吴兴守，斋前种白苋、紫茄，以为常馔。五马贵人，犹能如此，吾辈安可无此一种味也？

【译文】茄子别名「落酥」，又名「昆仑紫瓜」，在茄子旁边种植苋菜，一同灌溉，茄子、苋菜都很茂盛，刚刚采摘下来的茄子味道绝美。蔡遵出任吴兴太守时，在斋前种下白苋、紫茄，作为日常食物。蔡遵身为太守，尚能如此，我们怎么可以缺少茄子这一美味呢？

## 芋

古人以蹲鸱起家，又云：「园收芋、栗未全贫」，则御穷一策，芋为称首，所谓「煨得芋头熟，天子不如我」，直以为南面之乐，其言诚过，然寒夜拥炉，此实真味。别名「土芝」，信不虚矣。

【译文】古人以芋头起家，俗话说：「园中收获芋头、栗子就不至于贫困潦倒」，避免贫穷的方法中，种植芋头可称第一，正所谓「煨得芋头熟，天子不如我」，将吃芋头比作帝王之乐，确实过于夸张，但寒夜围炉，确实能体会芋头的美味。芋头别名「土芝」，确实名不虚传。

## 茭白

古称雕胡，性尤宜水，逐年移之，则心不黑，池塘中亦宜多植，以佐灌园所缺。

【译文】茭白古称雕胡，尤其适宜水生，逐年移植，花茎上就不会长黑斑，池塘中也适宜多种植一些，用来补充菜园中所缺的品种。

## 山药

本名「薯药」，出娄东岳王市者，大如臂，真不减天公掌，定当取作常供。夏取其子，不堪食。至如香芋、乌芋、凫茨之属，皆非佳品。乌芋即「茨菇」，凫茨即「地栗」。

【译文】山药本名「薯药」，产自江苏太仓岳王市的，粗大如手臂，的确不亚于「天公掌」，可用来日常食用。夏天结的山药子，并不好吃。至于香芋、乌芋、凫茨之类，都算不上佳品。乌芋即「茨菇」，凫茨即「荸荠」。

## 萝葡 蔓菁

萝葡一名「土酥」，蔓菁一名「六利」，皆佳味也。他如乌、白二菘，莼、芹、薇、蕨之属，皆当命园丁多种，以供伊蒲。第不可以此市利，为卖菜佣耳。

**【译文】**萝蔔又名「土酥」，蔓菁又名「六利」，两者都是味道绝佳的蔬菜。其他像乌、白两种菘菜，莼菜、芹菜、薇菜、蕨菜之类，都应该让园丁多种一些，作为斋供素食。只是不可以此谋利，否则就沦为卖菜之人了。

長物志卷十二

明 文震亨 撰

## 香茗

香茗之用其利最溥物外高隱坐語道德可以清心悦神初陽薄暝興味蕭騷可以暢懷舒嘯晴窗搨帖揮麈閒吟篝燈夜讀可以遠辟睡魔青衣紅袖密語談私可以助情熱意坐雨閉窗飯餘散步可以遣寂除煩醉筵醒客夜語蓬窗長嘯空樓冰絃戛指可以佐歡解渴品之最優者以沉香岕茶為首第焚煮有法必貞夫韻士乃能究心耳志香茗第十二

### 伽南

一名奇藍又名琪𤥨有糖結金絲二種糖結面黑若漆

堅若玉鋸開上有油若糖者最貴金絲色黄上有綫若金者次之此香不可焚焚之微有羶氣大者有重十五六斤以雕盤承之滿室皆香真爲奇物小者以製扇墜數珠夏月佩之可以辟穢居常以錫合盛蜜養之合分二格下格置蜜上格穿數孔如龍眼大置香使蜜氣上通則經久不枯沉水等香亦然

龍涎香

蘇門荅剌國有龍涎嶼羣龍交卧其上遺沫入水取以爲香浮水爲上滲沙者次之魚食腹中剌出如斗者又次之彼國亦甚珍貴

沉香

質重劈開如墨色者佳沉取沉水然好速亦能沉以隔

火炙過取焦者別置一器焚以熏衣被曾見世廟有水磨雕刻龍鳳者大二寸許葢醮壇中物此僅可供玩

片速香

鯽魚片雉鷄斑者佳以重實為美價不甚高有偽為者當辨

唵叭香

香膩甚着衣袂可經日不散然不宜獨用當同沉水共焚之一名黑香以軟淨色明手指可撚為丸者為妙都中有唵叭餅別以他香和之不甚佳

角香

俗名牙香以面有黑爛色黃紋直透者為黃熟純白不烘焙者為生香此皆常用之物當覓佳者但既不用隔

火亦須輕置鑪中庶香氣微出不作煙火氣

## 甜香

宣德年製清遠味幽可愛黑罈如漆白底上有燒造年月有錫罩盖鑵子者絕佳芙蓉梅花皆其遺製近京師製者亦佳

## 黃黑香餅

恭順侯家所造大如錢者妙甚香肆所製小者及印各色花巧者皆可用然非幽齋所宜宜以置閨閣

## 安息香

都中有數種總名安息月麟聚仙沉速為上沉速有雙料者極佳內府別有龍挂香倒挂焚之其架甚可玩若蘭香萬春百花等皆不堪用

## 暖閣芸香

暖閣有黃黑二種芸香短束出周府者佳然僅以備種類不堪用也

## 蒼术

歲時及梅雨鬱蒸當間一焚之出句容茅山細梗者佳真者亦艱得

## 品茶

古今論茶事者無慮數十家若鴻漸之經君謨之錄可謂盡善然其時法用熟碾為丸為挺故所稱有龍鳳團小龍團密雲龍瑞雲翔龍至宣和間始以茶色白者為貴漕臣鄭可聞始創為銀絲冰芽以茶剔葉取心清泉漬之去龍腦諸香惟新胯小龍蜿蜒其上稱龍團勝雪

當時以為不更之法，而我朝所尚又不同，其烹試之法亦與前人異，然簡便異常，天趣悉備，可謂盡茶之真味矣。至於洗茶、候湯、擇器，皆各有法，寧特侈言烏府、雲屯、苦節、建城等目而已哉！

## 虎丘天池

最號精絕，為天下冠，惜不多產，又為官司所據，寂寞山家得一壺兩壺，便為奇品，然其味實亞於岕。天池出龍池一帶者佳，出南山一帶者最早，微帶草氣。

## 岕

浙之長興者佳，價亦甚高，今所最重；荊溪稍下。採茶不必太細，細則芽初萌而味欠足；不必太青，青則茶已老而味欠嫩。惟成梗蒂、葉綠色而團厚者為上。不宜以日

晒炭火焙過扇冷以箬葉襯罌貯高處盖茶最喜温燥而忌冷濕也

六合

宜入藥品但不善炒不能發香而味苦茶之本性實佳

松蘿

十數畝外皆非真松蘿茶山中亦僅有一二家炒法甚精近有山僧手焙者更妙真者在洞山之下天池之上新安人最重之兩都曲中亦尚此以易於烹煮且香烈故耳

龍井天目

山中早寒冬來多雪故茶之萌芽較晚採焙得法亦可與天池並

洗茶

先以滾湯候少溫洗茶去其塵垢以定碗盛之俟冷點茶則香氣自發

候湯

緩火炙活火煎活火謂炭火之有焰者始如魚目為一沸緣邊湧泉為二沸奔濤濺沫為三沸若薪火方交水釜纔熾急取旋傾水氣未消謂之嫩若水踰十沸湯已失性謂之老皆不能發茶香

滌器

茶瓶茶盞不潔皆損茶味須先時洗滌淨布拭之以備用

茶洗

以砂為之製如碗式上下二層上層底穿數孔用洗茶沙垢悉從孔中流出最便

## 茶鑪湯瓶

有姜鑄銅饕餮獸面火鑪及純素者有銅鑄如鼎彝者皆可用湯瓶鉛者為上錫者次之銅者不可用形如竹筒者既不漏火又易點注甆瓶雖不奪湯氣然不適用亦不雅觀

## 茶壺

壺以砂者為上蓋既不奪香又無熟湯氣供春最貴第形不雅亦無差小者時大賓所製又太小若得受水半升而形製古潔者取以注茶更為適用其提梁臥瓜雙桃扇面八稜細花夾錫茶替青花白地諸俗式者俱不

可用錫壺有趙良壁者亦佳然宜冬月間用近時吳中歸錫嘉禾黃錫價皆最高然製小而俗金銀俱不入品

## 茶盞

宣廟有尖足茶盞料精式雅質厚難冷潔白如玉可試茶色盞中第一世廟有壇盞中有茶湯果酒後有金籙大醮壇用等字者亦佳他如白定等窑藏為玩器不宜日用盞點茶須熁盞令熱則茶面聚乳舊窑器熁熱則易損不可不知又有一種名崔公窑差大可置果實果亦僅可用榛松新笋雞豆蓮實不奪香味者他如柑橙茉莉木樨之類斷不可用

## 擇炭

湯最惡煙非炭不可落葉竹篠樹梢松子之類雖為雅

談實不可用又如暴炭膏薪濃煙蔽室更為茶魔炭以長興茶山出者名金炭大小最適用以麩火引之可稱湯友

乾隆御覽之寶

香、茗之用，其利最溥。物外高隐，坐语道德，可以清心悦神；初阳薄暝，兴味萧骚，可以畅怀舒啸；晴窗拓帖，挥麈闲吟，篝灯夜读，可以远辟睡魔；青衣红袖，密语谈私，可以助情热意；坐雨闭窗，饭余散步，可以遣寂除烦；醉筵醒客，夜语蓬窗，长啸空楼，冰弦戛指，可以佐欢解渴。品之最优者，以沉香、岕茶为首，第焚煮有法，必贞夫韵士，乃能究心耳。志《香茗第十二》。

【译文】焚香、品茗，对人十分有益。隐居世外，谈玄论道之余，可以静心悦神；晨曦薄暮之时，心生萧瑟之际，可以畅怀舒啸；临窗摹帖，挥麈闲吟，掌灯夜读之时，可以驱除睡意；闺中好友，密语私聊之时，可以提高兴致加深情谊；雨天紧闭窗户而坐，饭后散步之时，可以排遣寂寞、消除烦恼；宴饮醒客，夜晚倚窗共语，在空楼上长声吟啸、手抚琴弦之时，可以助兴解渴。品鉴其中最优的种类，要以沉香、岕茶为最佳，但是要焚煮得法，必须是操守方正的风雅之士，才能专心领会。记《香茗第十二》。

## 伽南

一名奇蓝，又名琪瑜，有糖结、金丝二种。糖结，面黑若漆，坚若玉，锯开，上有油若糖者，最贵。金丝，色黄，上有线若金者，次之。此香不可焚，焚之微有羶气，大者有重十五、六斤，以雕盘承之，满室皆香，真为奇物。小者以制扇坠、数珠，夏月佩之，可以辟秽。居常以锡合盛蜜养之。合分二格，下格置蜜，上格穿数孔，如龙眼大，置香使蜜气上通，则经久不枯。沉水等香亦然。

【译文】伽南香又名奇蓝香，又叫琪琦香，有糖结、金丝两种。糖结，表面像漆一样黑，像玉一样硬，锯开后，断面上的油脂像糖一样，最为珍贵。金丝，表面呈黄色，上有金色的丝线，品质稍次。伽南香不可焚烧，焚烧会散发出微微的腥膻味，大块的有十五、六斤重，放在刻有花纹的盘中，满室生香，真是奇物。小块的制作成扇坠、念珠等物，夏天随身佩戴，可以祛除异味。平常用盛有蜂蜜的锡盒来贮存。盒子分为上下两格，下格放蜂蜜，上格底板钻几个像龙眼那么大的孔洞，放入伽南香使蜂蜜的气味与之相交，伽南香就能历久不干。沉香等香也可以这样保存。

## 龙涎香

苏门答剌国有龙涎屿，群龙交卧其上，遗沫入水，取以为香；浮水为上，渗沙者次之；鱼食腹中，刺出如斗者，又次之。彼国亦甚珍贵。

【译文】苏门答腊有一处龙涎屿，群龙交错卧在岛上，龙流出的唾液落入水中，人们将唾液收集起来制成龙涎香；能浮于水面的龙涎香品质最好，混有泥沙的品质次之；被鱼吃入腹中，剖开鱼腹形状如斗的，品质更次。龙涎香在苏门答腊也十分珍贵。

## 沉香

质重，劈开如墨色者佳，沉取沉水，然好速亦能沉。以隔火炙过，取焦者别置一器，焚以熏衣被。曾见世庙有水磨雕刻龙凤者，大二寸许，盖醮坛中物，此仅可供玩。

**【译文】**沉香质地密实厚重，劈开后颜色如墨的为佳，以能够沉入水中为标准，然而好的速香也能沉入水中。隔火炙烤，将烤焦的部分置于其他器皿中，焚烧以熏衣被。曾在嘉靖年间见过水磨雕刻有龙凤图案的沉香，大小约二寸，是道士祭神坛场上的用品，只能用来供人玩赏而已。

## 片速香

「鲫鱼片」，雉鸡斑者佳，以重实为美，价不甚高，有伪为者，当辨。

**【译文】**片速香俗名「鲫鱼片」，上有雉鸡花纹的为佳，以质地沉重的为好，价格不是很高，有假的片速香，应当仔细分辨。

## 唵叭香

香腻甚，着衣袂，可经日不散，然不宜独用，当同沉水共焚之，一名「黑香」。以软净色明，手指可撚为丸者为妙。都中有「唵叭饼」，别以他香和之，不甚佳。

**【译文】**唵叭香香气十分浓郁，置于衣袖处，可以整日不散，然而不宜单独使用，应当同沉香一起焚烧，又叫「黑香」。以质地柔软、纯净、颜色明亮，用手指可以捻成丸状的为佳。京都有「唵叭饼」，是和其他香混合而成的，品质不算太好。

## 角香

俗名「牙香」，以面有黑烂色，黄纹直透者为「黄熟」，纯白不烘焙者为「生香」，此皆常用之物，当觅佳者；但既不用隔火，亦须轻置炉中，庶香气微出，不作烟火气。

**【译文】**角香俗名「牙香」，表面有黑烂色，黄纹直透的是「黄熟」，颜色纯白没有经过烘焙的是「生香」，这些都是常用的东西，应当寻觅佳品；角香即使不用隔火炙烤，也必须轻放于炉中，香气才会慢慢散出，没有烟火气。

## 甜香

宣德年制，清远味幽可爱，黑坛如漆，白底上有烧造年月，有锡罩盖罐子者，绝佳。「芙蓉」「梅花」，皆其遗制，近京师制者亦佳。

**【译文】**宣德年间制的甜香，味道清美、幽远、令人喜爱，黑坛如漆，白底上有烧制的年月，有锡罩盖于罐子之上，品质绝佳。「芙蓉」「梅花」，都是之前流传下来的品种，近些年京师制作的品质也属佳品。

## 黄黑香饼

恭顺侯家所造，大如钱者，妙甚；香肆所制小者，及印各色花巧者，皆可用，然非幽斋所宜，宜以置闺阁。

【译文】黄、黑香饼，以恭顺侯家所制，大小像铜钱一样的，为最妙；香肆制作的小香饼，以及印有各种花纹的，都可以使用，然而并不适用于幽静的书斋，更适合闺阁之中。

## 安息香

都中有数种，总名「安息」。月麟、聚仙、沉速为上，沉速有双料者，极佳。内府别有龙挂香，倒挂焚之，其架甚可玩，若兰香、万春、百花等皆不堪用。

【译文】京师中有多种安息香，总称「安息」，其中月麟、聚仙、沉速三者为上品，沉速有双料的，品质极佳。内府中另有龙挂香，需倒挂着焚烧，挂香的架子也很值得把玩，像兰香、万春、百花等种类都不堪使用。

## 暖阁　芸香

暖阁，有黄黑二种。芸香，短束出周府者佳，然仅以备种类，不堪用也。

【译文】暖阁，有黄、黑两种。芸香，短束出自周王府的为佳，但只是用来丰富种类，不堪使用。

## 苍术

岁时及梅雨郁蒸，当间一焚之。出句容茅山，细梗者佳，真者亦艰得。

**【译文】**在岁末以及梅雨时节，应当时不时焚烧一次。产自句容县茅山的细梗品种最好，真品是十分难得的。

## 品茶

古今论茶事者，无虑数十家，若鸿渐之「经」，君谟之「录」，可谓尽善。然其时法用熟碾为「丸」为「挺」，故所称有「龙凤团」「小龙团」「密云龙」「瑞云翔龙」。至宣和间，始以茶色白者为贵。漕臣郑可简始创为「银丝冰芽」，以茶剔叶取心，清泉渍之，去龙脑诸香，惟新胯小龙蜿蜒其上，称「龙团胜雪」，当时以为不更之法，而我朝所尚又不同，其烹试之法，亦与前人异，然简便异常，天趣悉备，可谓尽茶之真味矣。至于「洗茶」「候汤」「择器」，皆各有法，宁特侈言「乌府」「云屯」「苦节」「建城」等目而已哉？

**【译文】**古今论述茶道的人，大约数十家，如陆羽的《茶经》，蔡襄的《茶录》，可以说是十分详细了。然而当时是用熟碾法制成「团形」或「条形」的茶叶，所以称之为「龙凤团」「小龙团」「密云龙」「瑞云翔龙」。到了宣和年间，开始以茶色发白为贵。宋代管

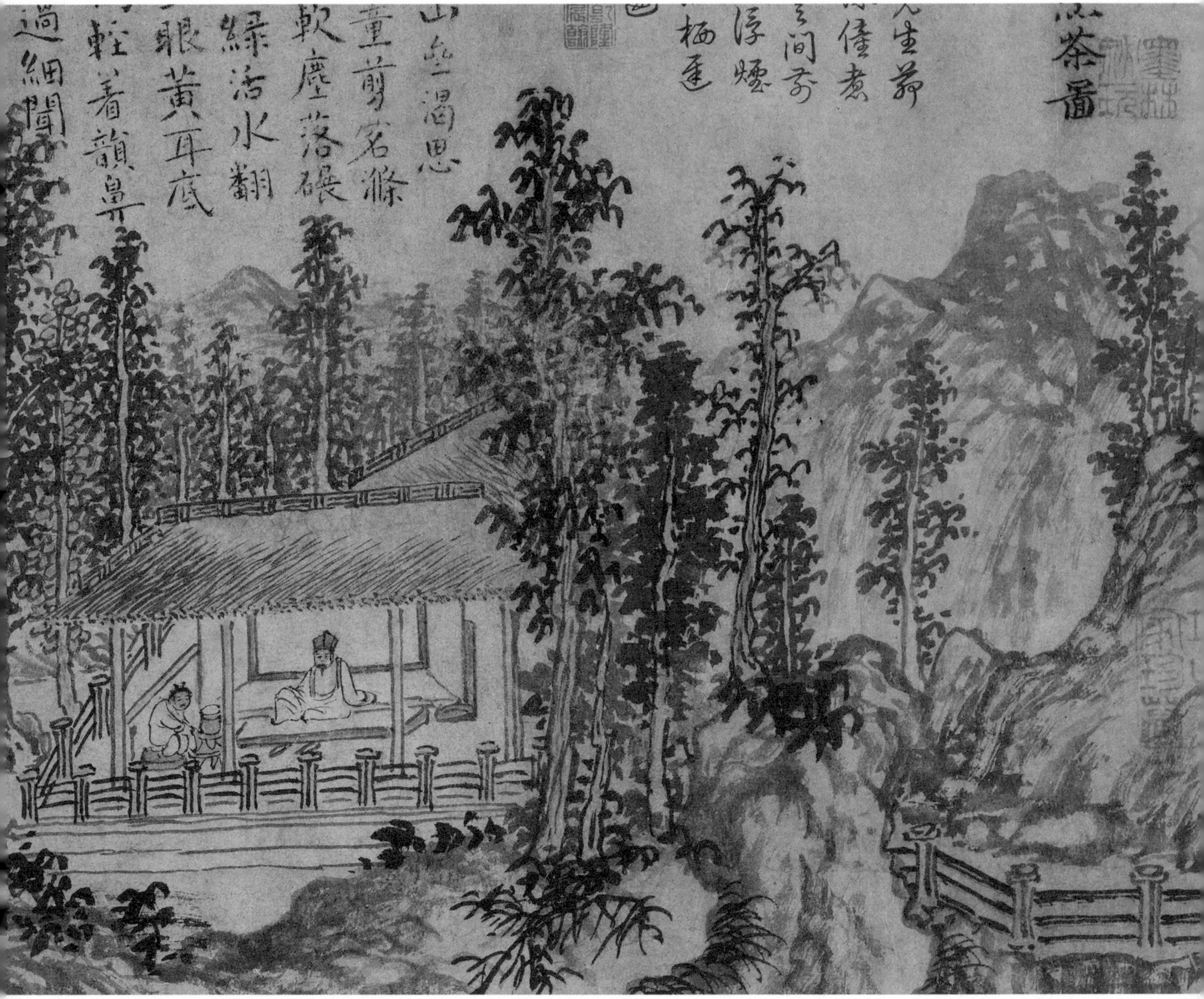

元·赵原《陆羽烹茶图》

雲水鄉

理漕运的官员郑可简始创「银丝冰芽」，将茶中老叶剔除只留下嫩芽，再用清泉浸洗，去除其中的龙脑香等异味，最后用雕刻着蜿蜒小龙的模具压制成茶饼，称之为「龙团胜雪」，当时认为这是不可改变的制法，但我朝推崇的制茶方法又不同于过去，就连烹煮的方法，也不同于前人，虽然十分简便，又不失自然情趣，可以说是完全体现了茶的本味。至于「清洗茶叶」「观察水温」「选择茶具」，都有各自的规则和方法。这岂止是大谈特谈「盛炭篮子」「盛水容器」「湘竹风炉」「藏茶箬筒」而已呢？

## 虎丘　天池

最号精绝，为天下冠，惜不多产，又为官司所据。寂寞山家，得一壶两壶，便为奇品，然其味实亚于「岕」。天池，出龙池一带者佳，出南山一带者最早，微带草气。

**【译文】**虎丘茶，号称最是精妙绝伦，冠绝天下，只可惜产量较少，产地又被官府垄断。山居雅士能得到一壶两壶，便足以称之为奇品，然而其味道实在不及「岕茶」。天池茶，产自龙池一带的品质上佳，产自南山一带的成茶最早，略微带有青草味。

## 岕

浙之长兴者佳，价亦甚高，今所最重；荆溪稍下。采茶不必太细，细则芽初萌，而味欠足；不必太青，青则茶已老，而味欠嫩。惟成梗蒂，叶绿色而团厚者为上。不宜以日晒，炭火焙过，扇冷，以箬叶衬罂贮高处，盖茶最喜温燥，而忌冷湿也。

【译文】岕茶，产自浙江长兴的品质上佳，价格也很高，当今最为看重；产自荆溪的则品质稍次。采茶不必采太细的叶，细叶是嫩芽初生，茶味不足；也不必采太青的叶，叶青则茶已老，茶味过浓。只有梗蒂初长，叶片呈绿色而形状圆厚的品质上佳。不宜日晒，用炭火烘焙之后，扇冷降温，用箬竹叶衬着装入大腹小口的容器中储存在高处，因为茶叶适宜在干燥处保存，最忌放于潮湿阴冷处。

## 六合

宜入药品，但不善炒，不能发香而味苦，茶之本性实佳。

【译文】六合茶，适宜入药，但炒制不好的话，没有香味而味道发苦，但茶的本性实为佳品。

## 松萝

十数亩外，皆非真松萝茶，山中亦仅有一二家炒法甚精，近有山僧手焙者，更妙。真者在洞山之下、天池之上，新安人最重之；两都曲中亦尚此，以易于烹煮，且香烈故耳。

【译文】松萝山方圆十几亩外，都不是真正的松萝茶，松萝山中也只剩一两家炒制手法精湛的，最近有一山僧亲手炒制的，滋味更妙。真正的松萝茶论品质在洞山茶之下、天池茶之上，新安人最为看重；南京妓坊也同样看重此茶，因为它易于烹煮，且香味浓烈。

## 龙井　天目

山中早寒，冬来多雪，故茶之萌芽较晚，采焙得法，亦可与天池并。

【译文】龙井茶、天目茶，因为山中早寒，冬季多雪，所以茶树萌芽较晚，只要采摘、烘焙得法，也可以与天池茶媲美。

## 洗茶

先以滚汤候少温洗茶，去其尘垢，以「定碗」盛之，俟冷点茶，则香气自发。

【译文】先用晾了一会儿的开水冲洗茶叶，去除其中的灰尘，用「定碗」盛起来，等凉了再用点茶法沏茶，则茶中香气自然而发。

## 候汤

缓火炙，活火煎。活火，谓炭火之有焰者，始如鱼目为「一沸」，缘边泉涌为「二沸」，奔涛溅沫为「三沸」。若薪火方交，水釜才炽，急取旋倾，水气未消，谓之「嫩」；若水逾十沸，汤已失性，谓之「老」，皆不能发茶香。

【译文】用缓火烤，用活火煎。活火，指的是冒着火焰的炭火，水中有鱼眼大小的气泡时叫作「一沸」，水边如泉水喷涌时叫作「二沸」，水花翻腾四溅时叫作「三沸」。如果柴火正旺，水锅刚热，就急着倒水，水气未消，称之为「嫩」；如果水已经超过十沸，已失其性，称之为「老」，这两种水都不能激发茶香。

## 涤器

茶瓶、茶盏不洁，皆损茶味，须先时洗涤，净布拭之，以备用。

【译文】茶瓶、茶盏不干净，都会破坏茶味，必须要提前洗净茶具，用干净的布擦干，备用。

## 茶洗

以砂为之，制如碗式，上下二层。上层底穿数孔，用洗茶，沙垢悉从孔中流出，最便。

【译文】茶洗，用砂烧制而成，做成碗的样子，分上下两层。上层底部穿几个孔，洗茶时，灰尘沙粒就会从孔中流出，最为方便。

## 茶炉 汤瓶

有姜铸铜饕餮兽面火炉，及纯素者，有铜铸如鼎彝者，皆可用。汤瓶铅者为上，锡者次之，铜者不可用，形如竹筒者，既不漏火，又易点注。瓷瓶虽不夺汤气，然不适用，亦不雅观。

【译文】茶炉，有姜氏铸造的饕餮兽面铜火炉，以及没有花纹装饰的火炉，有铜铸的像鼎彝一样的器具，都可用。煮水瓶以铅制的品质为上，锡制的品质稍次，铜制的不可以使用，形状像竹筒的，既不容易失火，又容易注水。瓷瓶虽然不抢夺热水之气，却不适用，也不雅观。

## 茶壶

壶以砂者为上，盖既不夺香，又无熟汤气，「供春」最贵，第形不雅，亦无差小者。时大彬所制又太小。若得受水半升，而形制古洁者，取以注茶，更为适用。其「提梁」「卧瓜」「双桃」「扇面」「八棱细花」「夹锡茶替」「青花白地」诸俗式者，俱不可用。锡壶有赵良璧者亦佳，然宜冬月间用。近时吴中「归锡」，嘉禾「黄锡」，价皆最高，然制小而俗。金银俱不入品。

【译文】茶壶以砂质为最好，因为它既不抢夺茶香，又没有沸水之气，「供春壶」最为珍贵，只是外形不够雅致，也没有稍小一点的。时大彬所制的砂壶又太小。若得到能盛半升水，且外形古朴高雅的砂壶，用来沏茶，那就更好了。其他像「提梁」「卧瓜」「双桃」「扇面」「八棱细花」「夹锡茶替」「青花白地」等俗样式，都不能用。赵良璧制作的锡壶也算是佳品，不过适合冬月使用。最近吴中归懋德所制的锡壶，浙江嘉兴黄元吉所制的锡壶，价格都很高，然而形制小且俗。至于金银制品，都不入流。

## 茶盏

宣庙有尖足茶盏，料精式雅，质厚难冷，洁白如玉，可试茶色，盏中第一。世庙有坛盏，中有茶汤果酒，后有「金箓大醮坛用」等字者，亦佳。他如「白定」等窑，藏为玩器，不宜日用。盖点茶须熁盏令热，则茶面聚乳，旧窑器熁热则易损，不可不知。又有一种名「崔公窑」，差大，可置果实，果亦仅可用榛、松、新笋、鸡豆、莲实不夺香味者；他如柑、橙、茉莉、木樨之类，断不可用。

【译文】明宣宗年间制有尖足茶盏，用料精良、式样雅致，质朴敦厚、热茶保温，洁白如玉，可以试茶色，可以说是茶盏之冠。明世宗年间制有祭坛用的茶盏，可以盛茶汤果酒，背面刻有「金箓大醮坛用」等字，也算佳品。其他像「定窑白瓷」等瓷器，可以作为玩器收藏，不宜日常使用。因为泡茶时要让茶盏受热，使茶水表面浮起泡沫，旧瓷器一旦受热就容易炸裂，这些特性不可不知。又有一种名叫「崔公窑」的瓷器，形制稍大，可以放些果实，但也只能放榛子、松子、鲜笋、芡实、莲子这些不夺茶香的果实；其他像柑、橙、茉莉、桂花之类的，则千万不能用。

## 择炭

汤最恶烟，非炭不可，落叶、竹篠、树梢、松子之类，虽为雅谈，实不可用。又如「暴炭」「膏薪」，浓烟蔽室，更为茶魔。炭以长兴茶山出者，名「金炭」，大小最适用，以麸火引之，可称「汤友」。

**【译文】** 泡茶的水最怕有烟，非用炭火不可，落叶、细竹、树枝、松子之类的，虽然说起来高雅，却不实用。又如未烧成的炭、未干透的柴，燃烧起来满屋浓烟，简直是茶魔。炭以长兴茶山出产的名叫「金炭」的，大小最为适用，用麸炭火引燃，可称得上是「茶中益友」了。

## 图书在版编目（CIP）数据

长物志 / (明) 文震亨著 ; 谦德书院译. — 北京:
团结出版社, 2024.6
ISBN 978-7-5234-0574-1

Ⅰ. ①长… Ⅱ. ①文… ②谦… Ⅲ. ①造园学－中国
－明代 Ⅳ. ①TU986

中国国家版本馆CIP数据核字(2023)第208356号

---

**出版：**团结出版社
（北京市东城区东皇城根南街84号 邮编：100006）
**电话：**（010）65228880 65244790 (传真)
**网址：**www.tjpress.com
**Email：**65244790@163.com
**经销：**全国新华书店
**印刷：**天宇万达印刷有限公司

---

**开本：**787×620 1/24
**印张：**15.5
**字数：**300千字
**版次：**2024年6月 第1版
**印次：**2024年6月 第1次印刷

---

**书号：**978-7-5234-0574-1
**定价：**128.00元